风能气象学引论

〔丹〕拉尔斯·兰德伯格 (Lars Landberg)　著

华　维　马文通　李　霄　等　译

科学出版社

北　京

图字:01-2020-7699 号

内 容 简 介

本书针对风能气象学中的基本概念、科学问题及相关进展进行了系统和全面的介绍。全书分为 9 章,内容包括引言、风能气象学基础、气象观测的原理与方法、边界层风廓线、局地气流、大气湍流、尾流和数值模拟及结论等内容。

本书内容丰富、资料翔实、文图并茂,可作为大气科学类本科生和研究生的专业教材或参考资料,也可供广大风能利用领域的科技工作者参考。

Meteorology for Wind Energy–An Introduction

By Lars Landberg

Copyright© 2016 John Wiley & Sons Ltd

图书在版编目(CIP)数据

风能气象学引论 / (丹) 拉尔斯·兰德伯格(Lars Landberg) 著;华维等译. —北京:科学出版社,2022.12
书名原文: Meteorology for Wind Energy: An Introduction
ISBN 978-7-03-067412-8

Ⅰ.①风… Ⅱ.①拉… ②华… Ⅲ.①风力能源-气象学-研究 Ⅳ.①P442

中国版本图书馆 CIP 数据核字(2020)第 255554 号

责任编辑:张 展 黄 嘉 / 责任校对:彭 映
责任印制:罗 科 / 封面设计:墨创文化

科学出版社 出版
北京东黄城根北街16 号
邮政编码:100717
http://www.sciencep.com

成都锦瑞印刷有限责任公司 印刷
科学出版社发行 各地新华书店经销

*

2022 年 12 月第 一 版 开本:B5 (720×1000)
2022 年 12 月第一次印刷 印张:12
字数:268 000
定价:99.00 元
(如有印装质量问题,我社负责调换)

《风能气象学引论》译委会

主　译

华　维　　马文通　　李　霄　　邓　浩

译　委

范广洲　　张　宇　　吴小飞　　封　凡

杨凯晴　　胡　芩　　明　静　　杨显玉

谨以此书献给我的家庭：我的妻子弗朗西丝，
以及两位小伙子，马库斯和卢卡斯，
谢谢你们的支持和理解！

——拉尔斯·兰德伯格(Lars Landberg)

原版作者简介

　　拉尔斯·兰德伯格(Lars Landberg)(生于1964年)自1989年至今一直从事风能领域的相关工作。在1989～2007年的18年间，他就职于丹麦里索国家实验室(现丹麦技术大学风能研究院)，此后在全球知名的风能咨询企业Garrad Hassan公司(现挪威德国劳氏船级社)工作。拉尔斯·兰德伯格主要从事风资源评估和风能短期预测等方面的研究和工作，自1991年里索国家实验室开设第一门风能课程起，他就一直为风能行业的从业人员讲授气象学的相关课程。拉尔斯·兰德伯格拥有哥本哈根大学物理学和地球物理学博士学位及英国华威大学商学院工商管理硕士学位。

前　言

在能源日益紧缺的今天，开发和利用清洁能源已成为经济社会可持续发展的重要保证。随着科学技术的发展，风能等新能源的开发成本已极大降低，这得益于各国出台推进新能源产业发展的政策优势及其在相关领域的贯彻执行。

翻译《风能气象学引论》的想法来自新能源行业，特别是国家电投中电投电力工程有限公司在科学研究和人才培养领域的合作。中电投电力工程有限公司与成都信息工程大学共建有电力气象联合实验室，该企业也是成都信息工程大学的大学生校外实践基地。在合作研究和人才的联合培养中，双方均感到尽管风电行业员工已从业多年，但仍亟须补充气象知识，而高校大学生虽然在气象理论知识方面较为扎实，但对风资源开发涉及的实践环节较为陌生。因此，有必要编写一本内容通俗易懂，且相对前沿的风能气象学教材。

本书英文版作者拉尔斯·兰德伯格主要从事风资源评估和风能短期预测等研究，曾先后就职于丹麦里索国家实验室（现丹麦技术大学风能研究院）和全球知名风能咨询企业Garrad Hassan公司（现挪威德国劳氏船级社）。本书介绍了风能领域气象学的基础知识，讨论了风能气象观测的原理、方法和设备，阐述了边界层风廓线的相关理论，讲述了各类局地气流、湍流和尾流等内容。

本书翻译工作由成都信息工程大学的华维、邓浩、范广洲、张宇、吴小飞、封凡、杨凯晴、胡芩、明静和杨显玉，以及国家电投中电投电力工程有限公司的马文通和李霄共同完成。由于译者能力有限，可能存在翻译疏漏之处，敬请读者赐正。

本书在国家电投中电投电力工程有限公司科研项目（CPIPEC-XNYF-91208000100）、国家自然科学基金项目（41775072）、四川省科技计划杰出青年科技人才项目(2019JDJQ0001)、四川省第四批省级创新创业教育示范课程(动力气象学)、全国农业专业学位研究生教育指导委员会研究课题(2019-NYYB-69)及成都信息工程大学教学改革项目(BKJX2019007、BKJX2019013、JY2018012)的共同资助下完成，在此一并表示感谢。

译　者

2020 年 11 月于成都

原 版 序 言

　　拉尔斯·兰德伯格认为，许多人在并不了解风的情况下就投身风能行业，他编写本书将有助于解决这一问题。他为风电行业的从业者讲授过许多气象课程，他的才能毋庸置疑，并且将通过本书惠及广大读者。他在Garrad Hassan公司的工作之一就是鼓励人们去自由思考，拉尔斯·兰德伯格是一个研究过火星天气的人，在这方面没人能比他做得更好。毫无疑问，他会以一种令人耳目一新的方式讲授风能气象学。

　　我们这代人见证了电力行业的飞速发展。过去风电在电力行业中长期处于边缘位置，但如今却即将成为行业的主流。风电迅速兴起的关键在于科学家已能够较准确地预测未来风的变化及风力涡轮机和风电场的状态。

　　我很早就认识了拉尔斯·兰德伯格，首先我们同为风能爱好者，然后我们成为同事和朋友。他是Garrad Hassan公司的董事会成员，工作中他鼓励一位董事会成员编写了一本名为*Strategy: No Thanks!*的书。从书名就能看出其与众不同之处。1973年我在撰写大学论文时就学习了埃克曼螺线（这是我第一次认识气象学），但非常惭愧，直到我翻开这本书才知道埃克曼是瑞典人。

　　风能与其他能源不同，它是一种取之不尽的清洁能源，但也是破坏风力涡轮机的载荷来源。在我与埃克曼最初相识的那年他就建造了第一座属于自己的风力发电机，但很不幸，风机很快就被狂风摧毁。可见，风既值得我们感激，也值得我们敬畏。本书将有助于人们通过对风的理解来传递这种敬畏。非常棒，拉尔斯·兰德伯格！

安德鲁·加拉德(Andrew Garrad)

2015年3月23日

原 版 前 言

我从1991年开始为风能从业者讲授气象学课程，我也非常高兴受到约翰·威利父子出版社的邀请来写一本关于风能的书。风能和许多其他"新"领域一样，没有专门或既定的教学模式(如医学)。过去有许多其他技术或学术背景的从业者进入风能领域，但很少有人具备扎实的气象功底。因此，大部分风能从业者实质上是进入风能行业后才不得不去学习和了解气象。

这么多年来我一直在为缺少气象(确切地说是边界层气象)基础的学员上课。当我讲课时，如果学生多少具备一些气象基础，我会感到很高兴，尽管这可能只是"唯一"的好消息。

在写这本书的时候，我必须要考虑到读者的技术和学术背景。我不能期望这是一本面向博士水平读者的书，这其实是一本介绍风能气象学基础知识的书，我的写作重点不在于进行严格的物理解释和数学推导，而是希望读者通过本书能够对风能气象学有一个初步的了解，所以我删减了一些晦涩难懂的部分。书中可能会存在一些不当之处，甚至是疏漏(当然希望没有)，本书网站(larslandberg.dk/windbook)会进行持续更正。

这里还须强调的是，大气是一个极为复杂并且相互作用的三维物理系统。这意味着为了完整理解大气系统(事实上没有人能够真正完全理解)，就需要对控制大气运动的物理方程组进行求解。这是一个难题，目前的科技水平也只能在"黑匣子"的层次上对大气运动进行解释和说明。因此，本书对气象知识的讲解有所侧重，希望帮助读者更好地理解大气运动的基本规律。

总的来说，为了避免读者阅读时感到枯燥，书中尽可能以简单的数学公式解释复杂的大气运动，同时也尝试引导读者自行完成数学推导。此外，书中使用了大量图表以帮助读者理解章节内容。重点和难点部分附有习题，请读者自行求解习题，这对于理解问题大有益处。

对于选择泛读的读者，书中设计了一些针对重要问题说明的文本框。如果读者对相关问题不感兴趣，可以选择跳过，但这并不会影响对本书内容的理解。同时，为了便于理解数学方程，书中还引入了对相关科学家的介绍。

本书将从气象学基础开始，进而讲述气象观测，其中包括观测理论和观测设备。对于气象观测，无论使用的是气象桅杆还是遥感仪器，其最终目的都是获取观测点位的大气垂直结构。因此，本书也涉及大气垂直结构方面的内容。风的垂直结构称为风廓线，是大气多尺度运动的结果。了解大气的运动状况可得到风廓线，反之亦然。最后讲述湍流和尾流的相关内容。

本书从气象观测到各种尺度上的大气运动再到尾流，这在某种意义上已经构成了较完整的知识链，但为更深入地理解大气运动的规律，书中在数值模拟一章(第8章)中对数值模式及相关问题进行了讨论。

拉尔斯·兰德伯格

于丹麦哥本哈根

原 版 致 谢

我从26年前(1990年)开始研究风能，就一直在着手准备本书的相关资料。写作过程中我不断与许多我曾经教授过、鼓励过和讨论过的人士进行交流以获得他们的帮助。这里不能逐一列举他们的姓名，但我要特别感谢以下人士。

感谢哥本哈根大学的Aksel Walløe Hansen——我的硕士和博士论文导师，他是一位伟大的导师，总是向我提出一些难以解答的问题以促使我不断前进！

感谢里索国家实验室(现丹麦技术大学风能研究院)气象研究组，尤其是WAsP小组成员：Niels Gylling Mortensen、Ole Rathmann、Lisbeth Myllerup和Rikke Nielsen。书中的许多内容都来源于与他们的密切交流，感谢我们一起工作的快乐时光。在WAsP小组之外，我还要感谢我的同事Søren E. Larsen、Erik Lundtang Petersen、Leif Kristensen、Jakob Mann和Hans E. Jørgensen，我头脑中(及本书中)的许多想法都源于和他们的讨论。

特别感谢Garrad Hassan公司(现挪威德国劳氏船级社)的Andrew Garrad。正是他敏锐地捕捉到为风能从业者授课这一契机，他鼓励我走上讲台，本书中的许多观点也是基于我的气象课程。

感谢五位匿名审稿专家对本书初稿的细致评阅。审稿专家提出了许多有益的建议，我采纳了其中许多建议。感谢Wolfgang Schlez在Ainslie尾流模式方面提供的帮助，他也评审了尾流一章，并提供了非常有价值的建议。Jean-Francois Corbett仔细阅读了局地气流和数值模拟两章，在此感谢他提供的帮助。

感谢Kurt S. Hansen 和winddata.com网站，他们为观测一章的习题提供了相关数据。

感谢Søren William Lund，他提供了许多设备供我使用和参考。

感谢Andrew Garrad亲自为本书作序。

感谢所有版权所有人，当收到我发出的资料使用申请后，他们无一例外地都同意了我的请求。

感谢国际电工委员会(IEC)允许复制使用国际标准IEC 61400-1第3.0版(2005)中的相关信息。所有相关摘录的版权归瑞士日内瓦IEC所有。有关IEC的更多信息可从相关网站www.iec.ch获取。IEC不对本书复制摘录的内容及在书中的位置负责，也不对内容或准确性负责。

缩 写 词 表

简称	全称
ABL	大气边界层 (atmospheric boundary layer)
AGL	离地高度 (above ground level)
CFD	计算流体力学 (computational fluid dynamics)
DNS	直接数值模拟 (direct numerical simulation)
ENSO	厄尔尼诺南方涛动 (El Ninõ southern oscillation)
GPS	全球定位系统 (Global Positioning System)
GTS	全球电信系统 (Global Telecommunication System)
IBL	内边界层 (internal boundary layer)
IEC	国际电工委员会 (International Electrotechnical Commission)
IPK	国际千克原器 (International Prototype of Kilogram)
ISA	国际标准大气压 (International Standard Atmosphere)
ISO	国际标准化组织 (International Organization for Standardization)
ITCZ	热带辐合带 (inter tropical convergence zone)
LES	大涡模拟 (large eddy simulation)
MCP	观测–相关–预测 (measure–correlate–predict)
NAO	北大西洋涛动 (north Atlantic oscillation)
NASA	美国国家航空航天局 (National Aeronautics and Space Administration)
NCAR	美国国家大气研究中心 (National Center for Atmospheric Research)
NCEP	美国国家环境预报中心 (National Centers for Environmental Prediction)
NOAA	美国国家海洋和大气管理局 (National Oceanic and Atmospheric Administration)
NWP	数值天气预报 (numerical weather prediction)
PBL	行星边界层 (planetary boundary layer)
RANS	雷诺平均N-S方程 (Reynolds–averaged Navier–Stokes)
SAR	合成孔径雷达 (synthetic aperture radar)
SOI	南方涛动指数 (southern oscillation index)
SST	海表温度 (sea surface temperature)
UN	联合国 (United Nations)
WAsP	风图谱分析与应用程序 (wind atlas analysis and application programme)
WMO	世界气象组织 (World Meteorological Organization)
WRF	天气研究与预报 (weather research and forecasting)

目　　录

第1章 引　言

本书主要介绍风能涉及的气象知识①。风能开发大致包括两方面内容：风资源评估和载荷。本书重点关注风资源评估涉及的气象知识，但在湍流一章(第6章)中也介绍了风机载荷方面的基础理论。

本书的每一章均对应一个主题，各章均从最基础的内容开始，而后逐渐深入。章节末尾附有习题，部分习题具有一定发散思维的性质，可供读者进行发散思考。为提高本书的可读性，书中设计有思考题，读者可根据兴趣选择解答或略过。部分习题可在书中找到答案，读者必须知晓答案才能继续阅读。思考题和练习题的解答过程并不复杂，只需准备好笔、纸和计算器，当然如有计算机则可以简化计算。

书中引用了包括专著、论文和网站在内的大量资料作为参考。这一方面是遵守承认他人工作的学术传统，同时也是为了方便读者获取更多的信息。虽然现在已是信息时代，人们很容易从互联网免费获取各种信息，但这并不适用于参考文献的引用，查找参考文献不是点一点鼠标那样简单。

本书的写作原则是通俗易懂，我希望读者在阅读本书时感觉是在进行一次旅行，一次你我同行的旅行，这会让书中部分内容像是你我之间正在聊天，而我始终认为通过这种方式来呈现主题能够帮助读者更好地理解问题的实质。

本书章节安排如下。首先从气象学基础(第2章)开始，主要介绍基本的气象理论。随后讨论气象的观测原理与方法(第3章)。对于气象观测，无论使用气象桅杆还是遥感仪器，其最终目的都是获取观测点位的大气垂直结构。因此，第4章主要介绍大气的垂直结构。风的垂直结构通常称为风廓线，是大气多尺度运动的结果，但实际上对风廓线进行精确描述绝非易事。理解大气运动有助于导出风廓线，因此第5章主要论述局地气流。而后为湍流

---

① 作者相信大多数章节也很好地阐述了气象学尤其是边界层气象学的基本原理。

（第6章），湍流是物理中最难以理解的部分之一，但本书尽可能地帮助读者去理解湍流的实质。第7章讨论了尾流，即上游风力涡轮机导致下游风速减小的现象。为了更深入地理解大气运动的本质，严格意义上应对所有尺度的气流和尾流都进行观测，但实际上多采用数值模拟的方式来获取相关信息。因此，第8章重点介绍数值模式及其数值模拟的思路和理论。第9章为总结。

为了便于读者快速了解重要的公式和知识点，附录A列有相关问题的"备忘录"，可作为快速参考指南。

本书涉及的部分数据和视频可通过网站（larslandberg.dk/windbook）获取。作者将在该网站就相关内容进行讨论（在有新信息可用的情况下）和勘误（如有）。最后，作者还将在网站上发布相关信息以供读者参考。

我的目标和希望是读者阅读完本书后能够对风能气象学有一个基本的了解。如前所述，书中将以通俗易懂的语言来描述问题，我也希望读者继续对感兴趣的问题展开研究。

此外，读者在阅读相关章节时可能会意识到他们很少能够直接用"是"或"否"来回答书中所列出的问题；相反，问题的答案通常是"视情况而定"。这也是本书的主要目标之一，让读者自行对知识点进行归纳，发现问题并解决问题。

读者也将习惯于边阅读边思考问题的阅读方式，从练习1.1开始，我们将逐步得到风能的基本理论。

练习1.1　想象一下，如果将足球球门悬于半空（用于表示一定体积的空气），且球门面积正好为1m×1m，设风以10m/s的速度穿过球门，那么1s内有多少立方米的空气通过球门门框？

为了保证读者能够理解问题，可将其分解为多个步骤。

已知球门面积为1m×1m，风速为10m/s，若一个长10m的长方体在1s内穿过球门，可知有

$$10\times1\times1=10\text{m}^3 \tag{1.1}$$

空气穿越门框。

练习1.2　设空气密度为 $\rho\left(\mathrm{kg/m^3}\right)$，通过球门门框区域的空气质量为多少？

空气块体积为 $10\mathrm{m^3}$，可知通过球门门框的空气质量为

$$m=10\cdot\rho \tag{1.2}$$

注意此处未采用空气密度 ρ 的实际值（约为 $1.225\mathrm{kg/m^3}$），原因是此处仅希望得到一个一般表达式。

练习1.3　已知风速为 $u\,\mathrm{m/s}$，试求出通过面积为 $1\mathrm{m^2}$ 的球门门框的空气质量。

利用式（1.1）和式（1.2）可得

$$m=u\cdot\rho \tag{1.3}$$

以上为推导过程的第一部分，第二部分将与动能有关。

练习1.4　动能的定义是什么？

根据物理学定义可知：

$$E=\frac{1}{2}mu^2 \tag{1.4}$$

练习1.5　将通过面积为 $1\mathrm{m^2}$ 球门门框的空气质量与动能方程相结合，计算通过 $1\mathrm{m^2}$ 球门门框的空气动能是多少？

结合式（1.3）和式（1.4）可得

$$E=\frac{1}{2}mu^2=\frac{1}{2}\rho u^3 \tag{1.5}$$

即得到通过 $1\mathrm{m^2}$ 球门门框空气的动能。

式（1.5）是风能气象学中最基本的方程之一，它表示空气动能与风速的立方成正比，也可理解为面积为 $1\mathrm{m^2}$ 的风力涡轮机转子平面能够将风能转换成电能的最大值[①]。

----

①根据贝茨定律，风能所能转换成动能的极限比值约为59% 。

第2章　风能气象学基础

　　本章主要介绍风能气象学的基础理论，首先从理解风的形成开始，然后是对天气系统等大气运动的讨论。本章大部分内容都可在气象学教材和文献中找到。但经本书的收集和整理，读者能够更为便利地获取相关信息。本书列有许多参考文献供读者参考，其中较有价值的是Robin McIlveen出版的专著（McIlveen，1986），读者也可在网站（larslandberg.dk/windbook）进行查询。

2.1　风形成的成因

　　练习2.1　请思考为什么会有风？［书中有两类练习：第一种（如本练习题），答案就在练习题之后，第二种读者需自行思考］。

　　这是一个基础问题，答案既不是气压差（当然，与气压差有关），也不是温差（也是因为温差）。之所以给出这两种解释，是因为根据经验，它们是大多数人认可的首选答案。从风形成的根本原因来看，真正的答案应为南北两个极区单位面积接收的能量要比赤道少。图2.1为地球的示意图。从图中可以发现，地球表面在极区被放大拉长，就单位面积的地球表面而言，极区接收的能量远比赤道地区的要少，这将导致热量在赤道地区"聚集"。然而，这种能量的"聚集"在物理学上不可能长期维持，因此这将导致赤道地区的暖空气上升，极区的冷空气下沉，进而在赤道和两极之间形成垂直环流，并将赤道地区多余的热量输送至南北两极，从而使热循环系统达到平衡[①]。

---

①这一过程在海洋中同样存在。

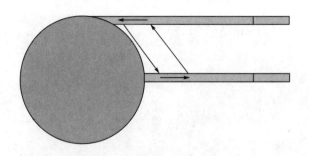

图2.1　地球的示意图

(赤道上单位面积接收的太阳辐射能量多、两极少，从而导致赤道暖空气上升，极区冷空气下沉)

但在进行天气实际分析时会发现天气图上很少能看到如图2.1所示的赤道-极地气流，其原因是未考虑地球的自转效应。当考虑地球自转后，可引入一个视示力，即科里奥利力(简称科氏力，见2.3.2节)，在科里奥利力的作用下，风向将发生改变(转向)，从而导致大气运动更为复杂。图2.2给出了全球大气环流的示意图，全球大气循环中最重要的并不是如图2.2所示的各种环流(尽管这些环流非常明显)，而是西风气流和季风。

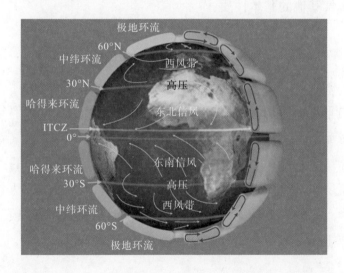

图2.2　全球大气环流的示意图[同时请注意热带辐合带(ITCZ)]

(图片来源：©NASA http://sealevel.jpl.nasa.gov/files/ostm/6_celled_model.jp)

图2.3给出了全球天气实况图。从图中可以发现，实际的大气运动及其有关的现象非常复杂!

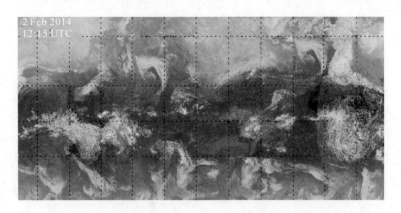

图2.3 全球地球同步气象卫星云图(红外波段,白色区域为云)

(图片来源:©NASA http://weather.msfc.nasa.gov/GOES/globalir.html,数据由美国密苏里州堪萨斯城的NCEP航空气象中心提供)

由此可见,地球上风的形成与赤道和南北两极吸收的太阳辐射差异有关。事实上风的形成是由辐射差异和地球自转共同造成的。

本节回答了风形成的原因这一基本问题,接下来将从大气的垂直结构开始讨论大气其他的基本性质。

2.2 大气的垂直结构

大气的垂直结构如表2.1所示。人类生活在对流层中,大部分天气现象也发生于对流层,飞机在飞行过程中会进入平流层。若将大气圈各层视为若干个"球体",那么当跨越不同的"球体"时会存在所谓的"停顿"。例如,对流层和平流层之间存在"停顿",即对流层顶。每两个球体之间均存在这种"停顿",例如,中层和热层之间存在这种"停顿"即对流层顶。温度范围为近似值。温度随高度的变化见图2.4。

表2.1 大气的垂直结构(分层)

名称	起始高度/km	压力/hPa	温度/℃	备注
对流层	0	1013	下降,20～−50	人类生存居住层
对流层顶				急流
平流层	11	226	上升,−50～0	臭氧导致温度升高
平流层顶				
中间层	47	1	下降,0～−90	

续表

名称	起始高度/km	压力/hPa	温度/℃	备注
中间层顶				
热层	85	≈0	上升，-90及以上	航天飞机飞行区域
热层顶				
散逸层	700	≈0		
散逸层顶				

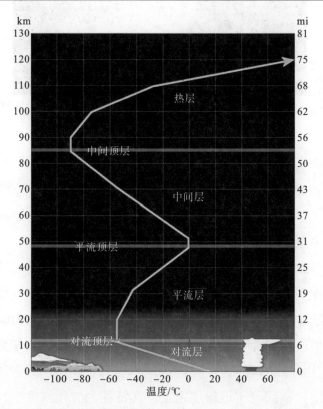

图2.4　大气温度垂直变化示意图[垂直高度以千米（km，左纵轴）或英里（mi，右纵轴）表示]

（图片来源：©NOAA，经NOAA许可使用；1mi=1.609344km）

对流层到中间层范围内的高度和气压值来自ISA（国际标准大气压，ISO 2533:1975）。

从图2.5中可发现对流层（左侧第一个灰色区域）、平流层（白色部分）和中间层（灰色区域）。距离地表越远（如中间层、热层和散逸层），分层越为复杂。实际上中间层、热层和散逸层内的空气非常稀薄，气压极低，可近似认为真空。

图2.5　地球大气层和航天飞机[图中可分辨出对流层(左边第一个灰色区域)、
平流层(白色区域)和中间层(第二个灰色区域)]

(图片来源：©NASA，图片编号：ISS022-E-062672)

之后重点关注距离地表最近的大气层，通常称为行星边界层(planetary boundary layer，PBL)或大气边界层(atmospheric boundary layer，ABL)。该层的垂直高度可达约1 km，并可进一步细分为以下几种。

近地层(surface layer)：该层中的风速随高度发生改变，其风廓线满足对数分布规律(见第4章)。此外，近地层厚度也随时间和大气稳定度的变化而改变(见4.8节)，但一般低于100m，可近似取100m。风力涡轮机的转子基本位于近地层内，而大型风力涡轮机由于叶片较长，将部分甚至完全处于埃克曼层(Ekman layer)之中。近地层也称为普朗特层或常通量层。

埃克曼层：该层位于近地层之上，其特征为气压梯度力、湍流摩擦力和科里奥利力三力平衡(更多信息见2.3.3节)。

行星边界层顶部为"自由大气(free atmosphere)"，该层中的湍流摩擦力(见2.3.2节)可忽略，即大气运动不受地表的影响。低层大气的分层见图2.6。

最近(Banta et al，2013)，科学家开始讨论所谓的转子层，即大气垂直分层中为风力涡轮机转子盘所覆盖的部分。转子层实质上是一个物理定义并不十分清晰的概念，其原因是风力涡轮机转子盘的覆盖面积与涡轮机的尺寸和型号有关。尽管如此，转子层这一概念仍有一定的现实意义，如图2.6所示，多数情况下常规的风力涡轮机(高度约100m，风轮盘的尺寸大致相同)都处于近地层和埃克曼层的底部。

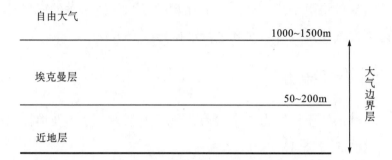

图2.6　低层大气的分层(对流层低层为行星边界层。离地最近的是近地层,中间为埃克曼层,
　　　　顶部为自由大气。图中给出了各层的高度。行星边界层高度可用 z_i 表示)

在进一步分析大气边界层之前有必要回答一个问题:地球大气层有多厚?对于这个问题存在不同的答案,普遍认可的答案是厚度约为10000 km(NASA,2014)。大气层即便在10000 km的高度上也存在少量分子,因此大气并不是突然消失,而是逐渐向外层空间过渡。

2.3　大气变量和作用力

本节主要介绍基本的气象要素及对大气运动具有重要意义的各种力。

2.3.1　大气变量

基本上无论是讨论大气运动还是研究大气其他方面的性质,都需要考虑下列变量:

气压,通常用 p 表示,单位为Pa(N/m^2)[有时仍使用非国际标准单位毫巴,mb(hPa)]。

温度,通常用 T 表示,单位为K或℃。

密度,通常用 ρ 表示,单位为 kg/m^3。

速度,通常用 u、v、w 分别表示 x、y、z 方向上的分量,速度矢量以 $\vec{V}$ 表示,单位为m/s。

湿度,通常用 q 表示,单位为g(水汽)/kg(空气)。

一般而言，科学家仅关注少数几个变量，并且如果风电场的规模较大，那么涉及的变量将更少。此外，还需注意的是与气温有关的变量有很多，因此在讨论大气稳定度时需对其进行准确定义(5.6节)。

2.3.2 大气控制力

本节将讨论气压梯度力、摩擦力、科里奥利力、重力及惯性离心力等控制大气运动的力(框1)。

严格意义上的科里奥利力并不是真实的力，而是一种视示力。重力也非常有趣(详见本节后半部分)，科里奥利力和重力并非由惯性坐标系产生，而是与旋转坐标系有关(地球上的物体随地球自转,此时的坐标系为旋转坐标系)。

进一步分析各种作用力，首先从气压梯度力开始：

$$\vec{P} = -\frac{1}{\rho}\nabla p \tag{2.1}$$

式中，$\vec{P}$ 和 ρ 的定义与前文相同；∇ 为梯度，即坡度或斜度。气压梯度力指气压场的梯度，气压差越小，气压梯度力越小，反之亦然。负号表示气压梯度力由高压指向低压。

摩擦力 $\vec{F}$ 的定义如下：

$$\vec{F} = -a\vec{V} \tag{2.2}$$

式中，a 为摩擦系数，其大小取决于下垫面的粗糙度和气块的离地高度。地表粗糙度越大，越靠近地面，摩擦力越大。负号表示摩擦力的方向与风向相反。

科里奥利力 $\vec{C}$ 定义为

$$\vec{C} = -f\vec{k} \times \vec{V} \tag{2.3}$$

式中，f 为科里奥利参数[$f = 2\Omega\sin\phi$，ϕ 为纬度，Ω 为地球自转角速度（7292·10^{-5}rad/s）]；$\vec{k}$ 为单位矢量，它指向旋转矢量的方向（即指向北极）；运算符号 "×" 为叉乘（计算方向时可使用右手法则）。在北半球，科里奥利力使大气向右偏转，而在南半球则向左偏转。科里奥利力可能较难理解，简言之，它与地球自转有关，而且能够使风向发生改变。

科学家简介1 加斯帕德·古斯塔夫·科里奥利（Gaspard-Gustave de Coriolis）[①]，1792～1843年，法国数学家、机械工程师和科学家。

重力 $\vec{F}$ 对大气的水平运动无影响，因此讨论时可略去重力的作用。重力的定义为

$$\vec{F^*} = G\frac{m_1 m_2}{r^2}\frac{\vec{r}}{r} \tag{2.4}$$

式中，$\vec{F^*}$ 为法向重力；G 为万有引力常数（6.672×10^{-11}N·m²/kg²）；m_1 和 m_2 为两个相互吸引的物体的质量（如空气微团和地球）；$\vec{r}$ 为从一个物体质心到另一个物体质心的矢量；r 为两个物体之间的距离。

因此，可将只与地球有关而与大气运动无关的地球引力与惯性离心力合并，成为有效重力：

$$\vec{F^*} = G\frac{m_1 m_2}{r^2}\frac{\vec{r}}{r} + \Omega^2\overrightarrow{R_A} \tag{2.5}$$

---

① 图片来源：https://commons.wikimedia.org/wiki/File:Gustave_coriolis.jpg#/media/File:Gustave_coriolis.jpg。

式中，$\vec{R_A}$ 为从气团位置到地球自转轴的位置矢量。因此，重力是地球引力和惯性离心力的合力。

2.3.3 力的平衡和地转风

在控制大气运动的作用力中，气压梯度力、科里奥利力和摩擦力最为重要，它们可用于解释地转平衡和地转风的形成原因。地转(geostrophic)一词源于希腊词汇geo和strophe，前者与地球有关，后者代表转折。

如图2.7所示，根据定义，在无加速度的情况下，自由大气(定义为大气层中可忽略摩擦力的部分)内的气压梯度力和科里奥利力是相互平衡的。由式(2.3)可知，科里奥利力的大小与风速成正比。当科里奥利力与气压梯度力达到平衡时的风为地转风，两种力之间的平衡即为地转平衡。

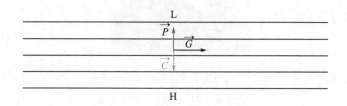

图2.7　自由大气中科里奥利力 $(\vec{C})$ 和气压梯度力 $(\vec{P})$ 之间的平衡关系及对应的地转风 $(\vec{G})$

(水平线为等压线(即穿过等压点的线)，H和L分别为高压和低压)

由此可得到地转风的 y、x 方向上的两个分量 (u_g, v_g)：

$$u_g = -\frac{1}{f\rho}\frac{\partial p}{\partial y} \tag{2.6}$$

$$v_g = \frac{1}{f\rho}\frac{\partial p}{\partial x} \tag{2.7}$$

自由大气以下的埃克曼层中，摩擦力开始产生作用(地表可通过粗糙度影响大气运动，距离地表越近，摩擦力越大)，此时气压梯度力、科里奥利力和摩擦力三力平衡(图2.8)。引入摩擦力后，风速将降低，风向随之发生改变(指向低压)。

进一步可得到地转风的大小和方向，其表达式称为地转拖曳定律，如下所示：

$$G = \frac{u_*}{\kappa} \sqrt{\left[\ln\left(\frac{u_*}{f z_0} \right) - A \right]^2 + B^2} \tag{2.8}$$

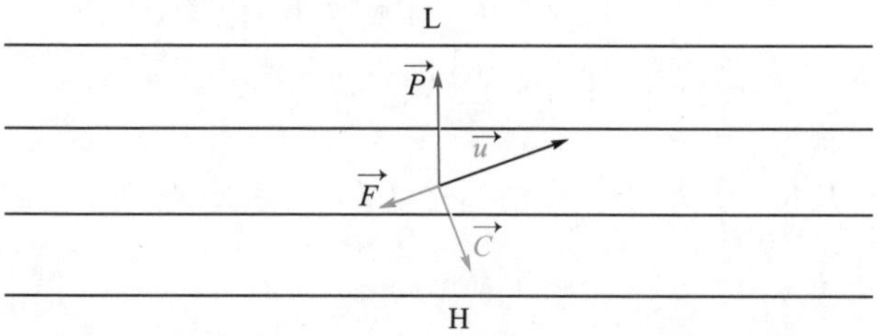

图2.8　科里奥利力 $(\vec{C})$、气压梯度力 $(\vec{P})$ 和摩擦力 $(\vec{F})$ 三力平衡关系及由此产生的实际风 (u)

（水平线为等压线（即穿过等压点的线），H和L分别代表高压和低压）

式中，G 为地转风；u_* 为摩擦速度（见第4章）；$\kappa = 0.4$，为卡门常数；f 为科里奥利参数；z_0 为粗糙度；$A = 1.8$，$B = 4.5$ 为常数（严格意义上该式仅在中性层结条件下成立，见4.8节）。地转拖曳定律和对数风廓线方程是边界气象学的两大基本方程。为解释方程的物理意义，首先应关注 G（自由大气中的风）和 u_*（与地表摩擦有关的风）（4.1节还将涉及），该定律给出了高空风与地面风之间的关系。同时，方程中含有 f 表明高空风与地面风之间的关系还与纬度有关。此外，由于 z_0 的存在（与摩擦力有关），高空风与地面风之间的关系还受到地表粗糙程度的影响（森林的 z_0 比草地大，见5.3节）。

地转风方向可由

$$\sin\alpha = \frac{B u_*}{\kappa G} \tag{2.9}$$

得到。式中，α 为地面风与高空地转风之间的夹角，即风向的转变；B、u_*、κ 和 G 与前文相同。

近地层（图2.6）也称为混合层，该层中的三力平衡受到破坏，科里奥利力可省略，且风向几乎不随高度发生改变，但风速随之增加，风速的垂直风廓线满足对数分布规律（更多信息可参见第4章）。

另一个问题，当风由近地层顶吹向自由大气时风速将发生怎样的变化？这可从理论上进行求解，求解结果为埃克曼层中不同高度的风速矢端的连线呈现一种特定的螺旋线形式（框2），称为埃克曼螺线。

框2 埃克曼螺线

风 (u,v) 的 x 和 y 分量随高度变化的表达式为

$$\begin{cases} u = u_g[1 - \exp(-\gamma z)\cos(\gamma z)] \\ v = u_g[\exp(-\gamma z)\sin(\gamma z)] \end{cases}$$

式中，u_g 为地转风；z 为离地高度；$\gamma = \sqrt{\dfrac{f}{2K}}$；$K$ 为涡流黏度系数，约 $1\mathrm{m}^2/\mathrm{s}$，

可得图像：

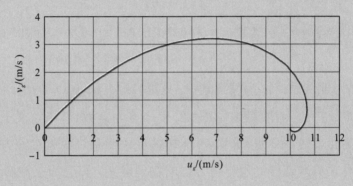

以上即为埃克曼螺线。

科学家简介2　瓦根·沃尔弗里德·埃克曼（Vagn Walfrid Ekman）[1]，1874～1954年，瑞典海洋学家，在乌普萨拉大学学习期间对海洋学产生了浓厚兴趣。他与弗里德佐夫·南森（Fridtjof·Nansen）在随"前进号（Farm）"调查船的探险中发现了埃克曼螺线（Ekman，1905）。

---

[1]图片来源：http://commons.wikimedia.org/wiki/File:Ekman_Vagn.jpg#/media/File:Ekman_Vagn.jpg。

2.4　尺度与大气运动的分类

在讨论各类常见的天气系统之前，有必要了解尺度（空间和时间尺度）及大气运动的分类。将大气运动进行分类，并根据不同形式的运动特点对大气方程组进行简化是气象学研究中一种行之有效的方法。

在风能领域，尺度这一概念的引入有助于理解从局地到全球范围内不同尺度的大气运动，也有助于了解风与各类天气系统之间的关系。这种理解对于研究风电场附近风资源的多时间尺度（日、季节和年变化）尤为重要，同时也有助于确定风电场的观测要素和观测时长等细节信息。一般可将大气运动分为四个尺度：全球（或行星）尺度、天气尺度、中尺度，最后为微尺度（表2.2）。

表2.2　大气运动的四种尺度、数量级及对应的天气系统

名称	水平尺度/m	时间尺度	典型天气系统
行星尺度	10^7	（周），10^6s	行星波
天气尺度	10^6	（天），10^5s	气旋
中尺度	10^5	（小时），10^3s	海陆风
微尺度	10^2	（分钟到小时），10^2s	雷暴

可通过举例对尺度进行说明：若风电场周围的地形包括森林、山丘和山谷，其水平尺度一般为微尺度；若风电场位于大型湖泊附近或宽阔的山谷中，此时可认为其属于中尺度系统；天气尺度的数量级更大，天气尺度系统包括大型低压系统（增强后可形成风暴）、高压系统及其他天气系统；最后，相对于海洋、大陆和大型山脉的影响，风电场主要受全球（或行星）尺度系统的影响。因此，影响风电场风资源的大气运动尺度要远超风电场及周边地区范围。当然，若建设风电场时未对各类尺度的大气运动进行评估，那么风电场的建设和运营将存在一定风险。

地球是一个体积有限的星球，因此天气系统的水平尺度同样存在上限，其上限取决于地球的半径（6371km），天气系统的水平尺度一般小于地球半径。

大气运动的分类不仅涉及水平尺度，还涉及时间尺度。这似乎有点难

以理解，时间尺度可视为一个天气现象经历不同阶段所需的时间。例如，对于低压系统，通常将在几天内经历形成、增长和消失的过程。同理，通过观测发现雷阵雨的时间尺度一般在几分钟到几小时。其余时间尺度可在表2.2中找到，除此之外，还可增加两个时间尺度，分别为尺度最小的湍流（长度：mm/cm，时间：s），以及气候变化所对应的尺度（水平尺度：地球半径，时间：几十年）。但就风能而言，表2.2中所列的四类尺度最为重要。

尺度的划分并不总是非常精确，但通过尺度分析方法研究大气运动有助于深入理解大气规律，也能够为观测结果的分析提供依据，因此确有必要进行尺度分析和大气运动分类。图2.9给出了风速时间序列对应的尺度示意图。

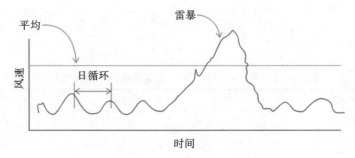

图2.9　风速时间序列对应的尺度示意图

(图中直线为风速的长期平均值、日循环及雷暴)

需强调的是，各种天气尺度之间也密不可分。通过摩擦速度(式(2.8)中的u_*)可以发现，地转风(中尺度到天气尺度)和地表局地风(微尺度)之间存在联系。事实上，大尺度系统驱动小尺度大气运动是大气运动的基本特征。

由表2.2还可以看出，对大气中发生的各种天气现象进行分类可得到一个基本结论：大尺度天气具有较长的时间尺度，而小尺度天气对应的时间尺度明显较短。大尺度天气系统具有较大的惯性，其覆盖范围较大，因此大尺度天气现象的形成和发展需要一定时间，而小尺度系统则正好相反。

2.5　大尺度天气系统

介绍尺度与大气运动的分类之后，本节重点介绍大尺度天气系统，典型系统包括：

- 中纬度气旋(低压系统)
- 反气旋(高压系统)
- 飓风(台风/强热带气旋)
- 季风

由尺度分析可知,不同天气系统的尺度各不相同:强烈发展的气旋具有较大的水平尺度(几千千米),但生命期较短,这与上节尺度的分类并不完全匹配。然而,中纬度气旋和反气旋都属于天气尺度系统,季风则介于天气尺度和全球尺度之间,其时间尺度可达数月。

需要再次强调的是大气是一个三维混沌系统,因此所有天气现象不能完全通过分类来得到其特征。因此,抓住主要影响因子,忽略次要因子有助于理解天气系统的本质。

2.5.1　中纬度气旋(低压系统)

低压系统通常与锋线密切相连。在对气象要素(主要温度和气压)进行系统观测后,可以发现不同区域具有明显的天气差异,同时还会存在不同性质的气团彼此紧邻的现象,此时冷暖气团之间的温度将存在一条狭长的过渡带,这种冷暖空气团相遇和"战斗"的狭长过渡带可用一个气象术语进行描述,即"锋线"。

暖气团进入冷气团的地区为暖锋,而冷气团靠近暖气团之处同样存在冷锋。锋面生成的过程称为锋生,希腊语为创造锋面。大气是复杂的三维运动,因此锋生过程及其影响因子多且复杂。Hoskins和Bretherton(1972)提出了多达8种影响温度梯度的发展机制:水平形变、水平切变、垂直形变、垂直运动、潜热释放、地表摩擦、湍流混合及辐射。详细信息可参见斜压波的形成(框3)。

框3　斜压大气和正压大气

斜压大气的密度取决于温度和气压,即 $\rho = \rho(T,P)$。正压大气的密度只取决于气压,即 $\rho = \rho(T)$。地球大气的正压区一般分布在热带地区,而斜压区一般分布在中纬度/极地地区。

　　锋线发展为低压系统的过程称为气旋生成。气旋属于低压系统，其发展过程可用卑尔根学派(Bjerknes，1900)的锋面气旋理论解释(图2.10)：首先一热一冷两气团在相遇的初始时刻出现较小的波动(斜压不稳定)[图2.10(a)]；之后在暖空气向冷空气(暖锋处)移动及冷空气向暖空气(冷锋处)移动的区域内形成波动[图2.10(b)]；然后波动得到持续发展，锋面气旋发展的后期冷锋赶上暖锋，二者相互重叠形成锢囚锋[图2.10(c)]；最后，气旋得到充分发展[图2.10(d)]。

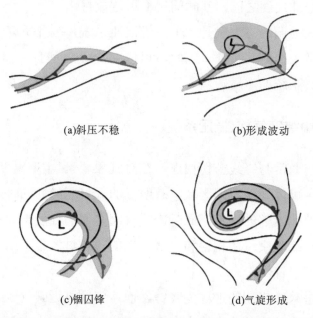

(a)斜压不稳　　　　　　　　　　　　(b)形成波动

(c)锢囚锋　　　　　　　　　　　　(d)气旋形成

图2.10　低压系统由初始时刻的小波动发展为成熟的低压系统，包括暖锋(半圆)、冷锋(三角形)和锢囚锋(半圆和三角形)(黑色实线为等压线，L表示低压，灰色区域为云区，通常伴随阴雨天气)

(图片来源：©EUMeTrain，经EUMeTrain许可使用)

　　冷暖锋交汇处一般为低压控制，并且随着低压系统的发展，气压不断降低，气压(梯度)越低，风力越强。对于风向，可根据LLL(leaving low to the left)原则快速判断风向："背风而立，低压在左"，气块将随低压向左移动(北半球为左边，南半球为右边)。此外，云和雨(降水是雨、雪等现象的统称)一般位于锋面内，尤其在暖锋和锢囚锋附近最为明显。

　　锋面一般在2～5天后开始消散(称为锋消)，低压中心逐渐被"填塞"(气压再次升高)，气旋随之消失。通过动态卫星云图可以发现，低压系统的发生和发展过程通常都遵循这一规律。当然也有一些有趣的个例，低压系统不仅按照上述规律发展，同时还像坐在传送带上一样向东移动，这也是"大气是一个复杂的三维系统"的又一印证。

2.5.2　反气旋(高压系统)

与低压系统(气旋)对应的是高压系统(反气旋)。高压系统并不像低压系统那样"有名"，它与恶劣天气(雨和风暴)的联系并不明显。实际上，高压系统控制下，通常为晴好天气。与低压系统类似，高压系统在气压场上也存在一个大值中心，等压线同样闭合。由于高压系统内的气压高于周围大气，因此低层大气将从高压中心向四周辐散，高层大气则以下沉运动为主。陆地高压控制区通常以干燥无云的天气为主(由干空气下沉导致)。

与低压系统相反，高压系统中的风由高压区向外吹，即风向为顺时针方向(北半球)。一般来说，高压系统通常会控制相当大的区域，而且几乎总是大于低压系统的控制范围。此外，高压系统控制区的风速也较小。高压系统的生命史通常也比低压系统长，移动路径也较短。

急流位于对流层顶(即5～15km高度，见表2.1)的冷暖空气交汇区。急流是一个风速极大区，急流的水平尺度通常可达几千千米，宽度在300～500km，风速可达90m/s。风的形成与温压梯度及地球自转(科里奥利力的作用)有关。大气中存在三支主要的急流(图2.11)。

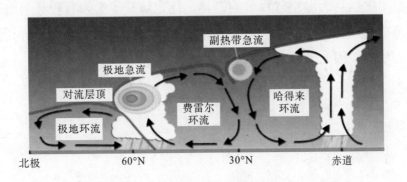

图2.11　极地急流和副热带急流

(热带急流较弱，出现频率不高，图中重点为急流而非三圈环流)

(1)极地急流，以西风为主，与低压系统紧密相连，分布于北半球和南半球。

(2)副热带急流，仍以西风为主，南北半球均存在，但高度高于极地急流。

(3)热带急流，以东风为主，一般位于赤道上空。热带急流相对较弱，且不易出现(图2.11未给出热带急流)。

在某种意义上，急流可将天气系统，尤其是低压系统由西向东"拉动"。急流的另一个特点为形状曲折蜿蜒，且存在摆动。急流的弯曲有利于低压(槽中)和高压(脊中)的形成。飞行员对高空急流非常熟悉，为节约飞行时间和燃油，飞行员通常在顺风飞行时利用急流加速飞行；逆风时则相反，应避开急流区，选择最小风速区域飞行。

2.5.3 飓风

各类灾害性天气系统中，强热带气旋是最为知名的一种，强热带气旋包括北美飓风和亚洲台风。根据定义，当风速超过120km/h(33.3m/s)时，气旋将加强成为气旋/飓风/台风。由于台风的移动速度快，水平尺度大(可达4000 km)，因此台风的尺度特征与常见的天气系统不同(见2.4节)。台风需在一定条件下才能形成，一般要求海表温度(sea surface temperature，SST)高于26.5℃，且位置大于南北纬5°时，洋面上才会形成台风(框4)。由于各种条件的限制，台风多出现于加勒比海、太平洋和孟加拉湾等地区。台风的主要"燃料"为湿空气释放的潜热，这也解释了必须有较高的海表温度才能形成台风的原因。科里奥利力式(2.3)也必不可少，越靠近赤道，科里奥利力越小，因此台风也越少。

框4　台风产生的原因

生成台风需满足以下三个条件：

(1)宽阔的洋面。

(2)海表温度大于26.5℃。

(3)纬度大于5°(北或南)。

台风(图2.12)的一个显著特点是存在风眼，在这个"奇怪"的区域，风眼内为静风，空气干燥，以下沉运动为主。台风眼通常被清晰的"墙"所包围，半径通常在15～30 km。

图2.12　超强台风"黄蜂"是2014年最强的台风，其风眼清晰可见

(图片由宇航员Reid Wiseman自国际空间站拍摄。图片来源：©NASA/Reid Wiseman)

由于台风巨大的破坏性，多年来科学家对其开展了大量研究。但目前对台风的了解仍不够深入，现阶段无法准确地预测台风的登陆地点和持续时间。台风登陆后，由于缺少湿空气作为能量来源，将很快减弱并消失。

2.5.4　季风

"季风"一词源于阿拉伯语单词"mawsim"，大意为"季节"，一般用于描述风速、风向和降水的季节变化。根据传统的定义，季风只包括西非季风和亚澳季风。季风主要以季风降水而闻名，印度约有80%的降水产生于季风期(Turner，2013)。然而，对于风资源利用必须要了解的事实是，季风期和非季风期的风速、风向都存在巨大差异，若在处理季风区风能数据时未考虑相关因素，则很容易得出错误结论(如绘制风电场的风向分布，见3.3节)。科研和气象业务中也需要对季风期和非季风期进行识别和区分。季风对不同地区盛行风向的影响存在差异。一般而言，对于东亚地区，夏季风以偏南风为主，而冬季风则伴随偏北风。此外，季风的规律性较弱，因此在使用季风区的观测数据时需进行仔细考虑。

以印度季风为例，印度季风是因印度洋与印度次大陆之间的热力差异形成的海风（见5.5节）。此外，季风的爆发时间还与ITCZ的变化有关（见2.1节）。

2.5.5　气候态环流

本章最后将介绍两种大时空尺度的环流现象。第一种为厄尔尼诺（El Niño）现象，第二种为北大西洋涛动（north Atlantic oscillation，NAO）。厄尔尼诺现象主要发生于太平洋地区，而NAO则出现在大西洋。

1. 厄尔尼诺/拉尼娜

厄尔尼诺一词的起源非常有趣。南美洲西海岸丰富的渔业资源与厄尔尼诺现象有关，而厄尔尼诺现象通常发生在圣诞节前后，渔民们将捕获的鱼视为上天赐予的"礼物"，因此在西班牙语中将其称为厄尔尼诺（或圣婴）。

厄尔尼诺现象是发生于热带太平洋地区的一种周期性气候现象，可分为两个阶段，厄尔尼诺阶段赤道东风偏弱，可导致赤道东太平洋海温异常偏暖；拉尼娜阶段赤道东太平洋海温异常偏冷，深层冷水在南美海岸附近上涌（图2.13）。

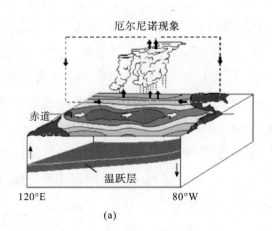

(a)

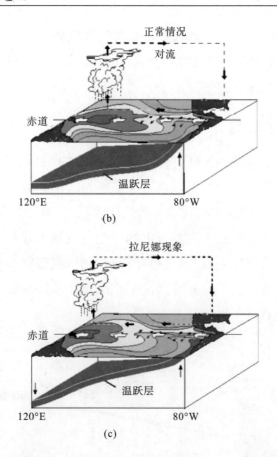

图2.13　南方涛动的三个阶段(120°E～80°W)：(a)厄尔尼诺；(b)正常；(c)拉尼娜

(注意温跃层是如何随南方涛动的变化而变化的。图片来源：©美国商务部/NOAA)

塔希提岛和达尔文岛之间的气压差(即南方涛动指数，southern oscillation index，SOI，用于表征季风强度)决定了大气是否处于正常态(SOI为平均值)、厄尔尼诺(SOI低于平均值)态或拉尼娜(SOI高于平均值)态。由于厄尔尼诺与SOI之间存在这种联系，因此将SOI与厄尔尼诺现象合称为厄尔尼诺南方涛动(ENSO)。目前对ENSO事件(每2～7年发生一次)和持续时间(持续9个月～2年)的预测仍是气象界的难点。

ENSO对降水有重要影响，强厄尔尼诺事件通常与秘鲁的洪涝和暖湿天气，印度尼西亚、非洲和澳大利亚的干旱，美国南加州的暴雨和泥石流，以及美国东北部的暖冬现象有关。ENSO对季风也存在影响，一般在ENSO事件发生后，太平洋东南部的台风数量将有所减少。

目前对ENSO是否会因全球变暖而发生变化仍存在较大争议，最可信的说法是目前仍没有足够的证据能够得出任何确切的结论。读者可以密切关注该领域研究的最新进展。

2. 北大西洋涛动

另一种气候态环流为NAO。NAO出现在北大西洋地区，其由冰岛低压和亚速尔高压间的气压差导致，该气压差称为NAO指数。气压差控制着北大西洋风暴/低压系统的运动轨迹。若气压差较大(高指数年或正位相年)，则西风带异常增强，中欧和欧洲近大西洋地区的夏季较为凉爽，而冬季温暖湿润。反之，若气压差较小(负位相年)，则西风带将减弱，冬季寒冷，风暴路径南移至地中海，南欧和北非地区的风暴活动增强，降水随之增加。图2.14给出了NAO正负位相示意图。

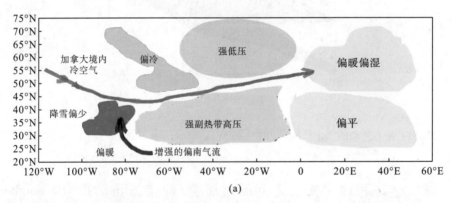

(a)

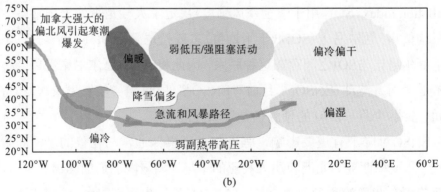

(b)

图2.14 NAO的两个阶段：(a)正位相；(b)负位相及其对天气、风和降水的影响

图2.15进一步给出了2014年11月22日～2015年3月21日的NAO指数。

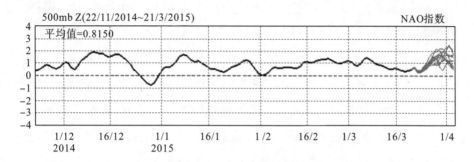

图2.15　NAO指数及集合预报结果

(有关集合预报的详细信息可参见第8章；1mb=100Pa)

NAO是Gilbert Walker于20世纪20年代发现的一种典型的遥相关现象。遥相关指大气环流在大尺度范围(数千千米)内相互联系的现象。有证据表明，北欧等地区的风速与NAO指数之间存在联系，例如，Hodgetts(2011)指出英国冬季风速与NAO指数之间存在较好的相关性。

科学家简介3　吉尔伯特·沃克(Gilbert Walker)，1868～1958年，英国数学家和气象学家，后担任印度气象局天文台主任，首次提出南方涛动现象。

2.6　小　结

本章介绍了部分气象学的基础知识。首先从基本问题，即风产生的原因开始，然后介绍了大气的垂直分布，包括对流层直至散逸层。对流层又可细分为若干层，离地最近的为近地层，其上为埃克曼层，最后是自由大气。

本章还介绍了控制大气运动的作用力和大气变量，包括气压、温度、密度、风速和湿度等。控制大气运动的作用力包括气压梯度力、摩擦力、科里奥利力和重力。四种作用力中，重力涉及最少。

此外，介绍了地转风及二力和三力平衡。自由大气中的摩擦力可略去，气压梯度力和科里奥利力之间存在二力平衡关系。当靠近地表时，摩擦力开始产生作用，气压梯度力、科里奥利力和摩擦力之间形成三力平衡。通过二力平衡可推导出地转拖曳定律，通过地转拖曳定律还可将高空风(即自由大气中的风)与地面风联系起来。埃克曼螺线表明埃克曼层中风速随着高度的增加，风向随之发生改变。

大气运动具有不同的时空尺度，一般小尺度天气系统的时间尺度较短，而大尺度天气系统通常具有较长的时间尺度。尺度分析在风电场的选址工作中具有重要作用，必须对风电场周边的天气系统进行尺度分析才能较为准确地对风资源进行评估。

本章还介绍了四类大尺度天气系统，通常称为天气。四类系统分别为中纬度气旋(低压系统)、反气旋(高压系统)、飓风和季风。在讨论中纬度气旋时，引入了"锋"的概念，包括暖锋和冷锋。

针对低压系统并结合低压系统的发展，本章简要介绍了三种主要的急流。高空急流是出现于对流层上部的狭长高速气流带。

高压系统(或反气旋)在许多方面与低压系统相反，其特点为风速小，天气晴朗干燥。

之后介绍了飓风，准确而言应称为强热带气旋或台风。台风是一种由特殊的大气和海洋状况造成的天气现象。台风主要分布于加勒比海、太平洋和孟加拉湾。

本章涉及的最后一类天气现象为季风。一般而言，季风是由大范围的海陆热力差异造成的，空气在大陆(如印度次大陆)上升，于海洋(如印度洋)下沉。季风对其影响地区全年的天气有重要影响。

本章最后介绍了两种大时空尺度大气现象：厄尔尼诺和NAO。前者位于太平洋，后者发生在北大西洋。这些大气现象可用厄尔尼诺指数、SOI和NAO指数进行描述，其强弱程度可通过指数的正负和数值的大小进行表征。

练 习

2.2 热身问题：请说出牛顿第二运动定律的具体内容。

2.3 计算地球的自转角速度 Ω 。

2.4 计算科里奥利参数在赤道、北极、南极和读者所在地区的大小？

2.5 已知两条平行等压线，一条为1000hPa，另一条为1010hPa，二者相距500m。试计算 x 和 y 方向上的气压梯度力。（1hPa=100Pa）

2.6 设 $u_* = 0.3\text{m/s}$ ，纬度为40°N， $z_0 = 0.1\text{m}$ ，试计算地转风的大小和方向。

2.7 设地转风风速为8m/s，纬度为55°S， $z_0 = 0.05\text{m}$ ，试计算摩擦速度。

2.8 为什么在地球自转速度很大的情况下，大气仍附着于地表？

2.9 设地转风风速为9m / s，纬度为30°N，试求埃克曼螺旋在300m和1000m处的值。

2.10 说出影响读者所在地区的典型天气现象和对应的尺度。

2.11 从读者所在地气象局或研究机构获取低压系统的卫星云图（最好为视频），并确定其水平尺度和时间尺度。

2.12 试通过卫星云图/视频寻找冷暖空气和锋面、判断系统的发展、识别锢囚锋，并分析系统的减弱和消亡过程。

2.13 试通过卫星云图/视频跟踪锋面系统，并分析其移动速度。

2.14 低压系统中的大气是做上升运动还是下沉运动？

2.15 试在天气图上识别出高压系统，并确定其移动速度和影响面积。

2.16 搜索有关厄尔尼诺现象的最新研究进展。

2.17 目前是厄尔尼诺年还是拉尼娜年？

2.18 目前的NAO指数是多少？

2.19 给出两种以上ENSO和NAO之外的遥相关现象。

第3章 气象观测的原理与方法

开展气象观测有诸多问题应予以解决,如观测桅杆/观测装置的安装位置、使用的仪器种类、观测的目的,及观测仪器的精确度等问题。本章将介绍气象观测的基础理论、原理及对观测数据的处理。本章还将介绍风能利用所涉及的观测仪器、用途和工作原理。

3.1 观测的意义

建设风电场前应对风电场周边的平均风速等气象要素进行观测,以获取足够的气象信息。然而,观测经常使人产生只要开展观测即可获取所需信息的错觉,或存在观测即事实的想法。本章将对其进行限定,并且限定的内容较多。

本章从观测的代表性、分辨率和准确性三方面进行讨论。观测的分辨率和准确性密不可分,但分别讨论有助于突出重点。准确性和分辨率也与精确度紧密相关,但三者间仍存在一定区别,因此也需对三者之间的区别进行分析。

首先为代表性。观测的代表性包含两方面的含义:一为是否已对风电场及周边的气象条件进行了观测,二为应确定气象观测是否能够解决风电场规划、建设和运营等环节中存在的问题。诸如此类的问题还有很多,对于风能,最具代表性的问题是在风机使用寿命内风电场的年发电量约为多少兆瓦时?要回答这一问题,需将其分解为若干具体问题,如风速分布的气候态如何。这是迄今为止最为重要的问题。大气稳定度(4.8节)对其也有重要的影响,因此对温差或热通量的观测必不可少。当采用风电场的风速分布来阐述代表性的含义时,还需考虑另外两个重要的方面:一是在何地开展观测(三维);二是为使观测具有代表性,观测时长应为多长。首先讨论"在哪里"的问题：可以想象，一座长和宽都为数千米的风电场，其地形地貌复杂，包括山丘、山谷、草地和森林，也许还有湖泊。此时，须进一步考虑观测仪器的安装位置，也许更为重要的是观测仪器的安装数量。这些问题取决于多方面的条件，其中包括要保证观测仪器的安装位置应靠近风机，从而确保观测结果可代表不同的大气运动状态。观测仪器的安装位置是"在哪里"这一问题的第一部分，第二部分为安装高度，这同样取决于许多因素，其中两个较为重要的因素是计划建造的风机轮毂高度，以及风电场是否存在如森林下垫面等特殊的下垫面类型，从而要求风机轮毂必须位于一定高度之上。当阅读完本书各章后，读者将能以较为专业的水准来确定观测仪器的安装位置、数量和高度。

完成"在哪里"的讨论之后，还须讨论"观测时长"，这也是一个必须解决的复杂问题。

练习3.1 为评估风电场生命周期内的总发电量，观测时长应为多长才能使其观测数据（如风速）具有较好的代表性？

- 几秒钟
- 一分钟
- 一小时
- 一天
- ……
- 一年
- 几年
- 20年（风力发电机的使用寿命）

为解决这一问题，最理想的方式是对风进行持续观测，更准确而言是风的观测时长应具有气候代表性。气候代表性指通过观测得到的气象要素的平均值能够代表其长期平均状态，即在观测期间能够获得气象要素所有的典型变化特征。显然，这在实际工程中并不现实，原因是投资者都希望风电场能够立即投产，至少是越快越好！同时，只要对天气的发展和变化进行稍加观察就可知道风的变化实际上是非常明显的，若观测时长仅为几秒钟或几天则显然过短。由于大多数地区不同季节的盛行风都存在明显差异，因此观测时间至少应一年。此外，风还存在年际变化。此时，应根据实际状况对观测时长加以权衡（并非要求在风电场整个寿命周期内都必须进行观测）。如第8章将涉及的内容，数值模式已经能够生成时空代表性好、时间尺度长、精确度高的风速和风向序列，再利用数学方法即可将现场观测数据与模式模拟数据进行融合，从而得到高精确度风电场的融合资料（见框25中对观测-相关-预测（measure-correlate-predict，MCP）方法的描述）。过去（或不久之前），在高性能计算机数值模拟数据出现之前，唯一能够得到较为合理且时间尺度较长的气象要素序列的方法是使用风电场附近的气象观测资料。观测数据通常仅能通过机场、灯塔和气象局等途径获取，而该类数据至今仍在风电行业内广泛应用。

　　在结束"代表性"这一问题的讨论后，将继续进行第二个主题"分辨率"的讨论。为使分析结果更为准确，所用的观测设备应具有较高的分辨率，以便对观测数据进行深度分析，从而获取所需的各类信息。例如，对某地区进行风能开发时，应首先对该地区的风速、风向进行观测，风电建设项目所需气象观测数据的时空分辨率在很大程度上取决于资金预算。根据工程预算和计算模型的要求，观测数据的时间分辨率通常要达到0.1s，因此需购置高分辨率的观测仪器。

　　观测仪器可能具有很高的分辨率，但如果观测结果不准确，那么该仪器在实际上并无多大用处。因此，在读取观测数据时，不仅应确定观测设备满足分辨率要求，同时还应保证观测数据足够准确，即所谓的准确性问题。例如，假设仪器的时间分辨率为0.1s，但观测误差达到0.2s，这意味着部分观测数据可能不合格，无法进一步使用。例如，观测值为3.1s，在误差范围为0.2s的情况下，其观测结果可能是2.9s，也可能是3.3s。请注意，应采用多种方法和手段评估观测仪器的准确性。以风速观测为例，杯状风速计（3.4.2节）须在风洞等受控环境下进行测量以确定其准确性。

　　根据上述内容可给出一个与分辨率和准确性密切联系的概念，即精确度。从框5中的定义可以看出，精确度通常被认为与数字位数有关。这可能会造成一定误解，因为精确度并不等于分辨率。请通过以下练习区分精确度和分辨率。

框5　名 词 解 释

代表性：描述或象征某一事物。

分辨率：科学仪器（特别是光学仪器）观测的最小时间间隔。

准确性：观测、计算或规范的结果与正确值或标准的符合程度。

精确度：测量、计算或规范中的改进，尤指用给定位数表示的改进。

练习3.2　确定产生下列观测仪器输出数据的精确度和分辨率：26.068、36.708、29.792、3.192、17.024、43.624、3.724、40.432、43.624、22.876、5.320、20.748、28.196、25.536、48.944、32.452、45.752、1.596。

仔细观察输出数据，读者认为精确度和分辨率是否相同？

在了解了观测基础后，将介绍观测记录的处理流程。此处采用一些简单的数字以便于读者从另一角度思考数据的分辨率、准确性、精确度和代表性。首先请回答以下问题：两个观测值在何种情况下相同，而何种情况下又不同？对于该问题可用两种方式进行说明，即分别比较0.8和0.8及21.4和22.8。

对于第一组数据0.8和0.8，这两个数据是否相同？乍一看，答案为相同，但假若两个数据的实际观测值分别为0.8143和0.7732，那么在观测仪器分辨率为0.1的情况下，并不能区分两个数值的大小。若将仪器分辨率提高至0.0001，且记录过程准确无误，那么实际上这两个数字的大小完全不同。尤其当所需资料的分辨率也为0.0001时，分辨率的大小将具有十分重要的意义。因此，该问题的答案为：根据观测设备的分辨率和精确度，两个数字可能相同，也可能不同！

对于第二组数据21.4和22.8，这两个数字是否相同？若考虑到观测仪器的精确度，并假设仪器的分辨率远小于1.0，那么可以认为两个数据是不同的。然而，这并未考虑到观测仪器的准确性！若观测结果的准确性为1.0或更大，则难以区分这两个数字的大小；但若准确性为0.01，那么两个数字又将不同。

3.2 观 测 目 标

目前使用的观测数据大多以数字文件的形式提供给用户，其格式一般如下：

时间1 数值1

时间2 数值2

......

因此，风速数据可表示为

201501150930 8.3

201501150940 6.5

201501150950 7.1

上述数据包括时间（第一个数）：年（2015年）、月（01代表1月）、日（15代表15日）、小时（09代表上午09时）、分钟（30～50）；风速值（第二个数）：单位为m/s。尽管已知数据格式，但数值的真正含义究竟是什么？此外，相邻观测值之间间隔的10min内，风速将如何变化？问题的答案在很大程度上取决于所用的设备及观测完成后对数据的处理方式。部分仪器能够记录特定时间观测到的瞬时风速，但大多数仪器仅能记录数据的平均值。在进一步讨论这一问题之前，应首先了解观测信号在仪器中的传输和观测原理及它是如何转换为用户所需的数字文件。大多数情况下，观测仪器上会连接一个被称为数据记录器的设备。数据记录器的作用在于存储和处理仪器观测的部分或全部数据。仪器输出的原始数据一般为模拟电流信号，此时需对其进行处理并转换为十进制数字，方可存储于文件中。仪器的数据记录器的工作方式既可以较为简单，仅保留最重要的数据（如10 min平均值），也可以非常复杂，例如，对于具有互联网连接和数据处理能力的多仪器综合观测系统，任何人只要拥有访问权限，都可在地球上的任何城市访问观测数据。

再回到数据平均，对数据进行平均的方法并非一成不变。因此，首要也是最重要的准则是应了解数据的观测方式，之后再根据数据的使用目的，并综合考虑观测是否会对结果产生影响，最终确定数据的平均方法。

在风速数据方面，世界气象组织（WMO，隶属联合国）制定了相应标准，并广泛应用于气象业务中。标准规定，对于风的观测，其平均周期应为10min；同时，应每小时或每10min报告一次（WMO，2008）。这也许是平均风速多以10min为周期进行平均的原因。对于风速，以10min为平均周期是由大气运动的时间尺度所决定的，此处不再详细讨论。

通过本节能够基本了解瞬时观测数据由仪器模拟电流信号转换为数字信号的方式。下面将介绍数据的处理和分析方法。为此，需利用一些观测数据进行练习，完整的数据集可从网站（larslandberg.dk/windbook）下载。

3.3　观测理论与数据处理

本节主要讨论气象观测的基础理论，并学习数据的处理和分析。与其他主题类似，观测理论与数据处理是一个宽泛的领域，本节将简要介绍其基本知识，但仍将尽可能涵盖更多的基本内容。

获取观测数据后首先应了解数据的基本特征。通常情况下可使用数据通过的绘图软件来实现，即绘制数据-时间二维图。在同一图中绘制多类数据也可用于数据分析，甚至能够揭示一些难以发现的气象现象。图3.1给出了风速随时间变化的曲线。

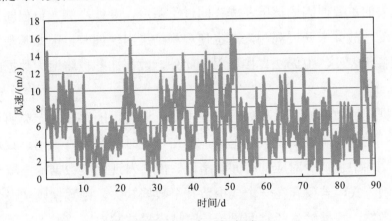

图3.1　风速-时间序列

(x轴为时间，y轴为风速)

如图3.1所示，图中给出了近90天（相当于3个月）的风速数据分布。3个月的观测时长相对于实际应用的需要还远远不够，此处仅是为了向读者提供一个直观示例。从图中可以发现，风速最小值接近0m/s，最大值约为17m/s。当对足够多风速（和风向）的数据进行分析后，就能够对风的基本性质有所了解。若将风速图与股价图进行比较，读者会发现这些图的"性质"大同小异。风速样本数据中存在三次强风个例，第一次发生在第20天之后，第二次为第50天之后，最后一次发生于第90天之前。三次个例中，第一次（第20天之后）为最接近"正常"的风暴（即2.5.1节讨论的低压系统过境），风速缓慢增加达到最大值后逐渐减小。

　　有时难以从绘出的图表中发现缺失的数据，但缺失数据的甄别工作非常重要。数据缺失表明由于某种原因（如电源故障、机械故障、雷击和人为干扰等），在特定时段内未能记录到数值（风速、风向、温度等）。在实际工作中通常采用特定值来表示数据存在缺失，风速数据集中的缺测可表示为

　　201501151950　　99.9999

表示该时间内的风速（99.9）和风向（999）均缺失。

　　若存在大量数据缺失的现象，尤其是数据确实并非随机缺失的情况，则在对数据进行详细分析之前，应开展缺失数据的识别等质量控制工作（如在计算平均风速时应考虑99.9这一缺省值）。造成数据缺失的原因有很多，例如，某国获取气象数据的方式为人工读取，对数据进行详细分析后发现，数据缺失的重要原因为该国冬季夜间过于寒冷，导致观测人员夜间无法在户外活动，故并未开展观测，这也使观测结果出现偏差，因此其观测数据既不具备代表性，也无法直接使用。此外，数据插补也将增大数据的不确定性。

　　根据观测数据的记录和处理方式可知，还有可能存在另一类明显的数据缺失：文件中确实缺少数据记录，即在一定时间范围内未记录数据，并且数据文件中也缺少对应的时间戳字段。能否发现此类数据缺失取决于图形的绘制方式，若仅存在一个或少数几个数据缺失，则数据确实很容易被忽略。当然，数据缺失的时间段越长，越容易被发现。

　　练习3.3　利用存在缺失数据的气象观测序列绘制时间序列图，并描述数据缺失部分的形状。

　　数据质量的优劣程度可用指标R进行衡量，即文件中实际的有效数据

量与总数据量之比，可表示为

$$R = \frac{\text{有效数据点集}}{\text{应有的总数据点数量}} \tag{3.1}$$

该指标可作为数据质量优劣程度的粗略度量，但无法说明数据缺失的原因。一般认为，R应超过90%才可用于风能分析。

尽管通过绘图法能够对观测数据（包括缺失数据）有直观的了解，但如需了解更多气象现象，还应进一步计算与数据相关的统计信息。统计值分为许多类，但平均值和标准差是最为重要的两个统计量（框6）。由图3.2的数据可得

平均风速：6.2 m/s

标准差：3.0 m/s

框6　偏差和离散程度

准确性还包括另两方面含义：偏差和离散程度。区分偏差和离散程度的概念非常重要，其定义分别为：距算数平均值的平均距离及数据的离散程度。下面给出四个典型例子进行说明（图中灰色点为数据分布，同时为使离散程度更为清晰，首先对每组数据点进行水平排列）。

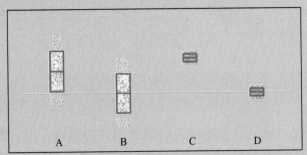

上图中灰色实线代表平均值。由例A中的数据分布可知，数据点多远离平均值线，即存在较大的偏差和离散程度。例B中，数据点的平均值非常接近灰色平均值线，但数据的离散程度较大。例C中数据的偏差较大，但离散程度小，而例D数据的偏差和离散程度都很小。

实际中常采用高斯分布来描述数据的偏差和离散程度，高斯分布如下图所示（图中μ为均值，σ为标准差）。

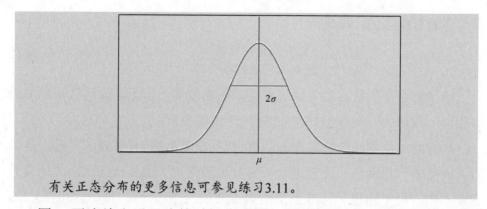

有关正态分布的更多信息可参见练习3.11。

图3.2再次给出了风速的时间序列图。图中叠加了风速平均值和标准差,平均值即所谓的"中间"值(即所有数据总和除以该数据的总样本量),标准差可用于表征数据的离散程度,即数据围绕平均值展开的程度。若采用一个正负标准差区间,则能够覆盖68.2%的数据样本。

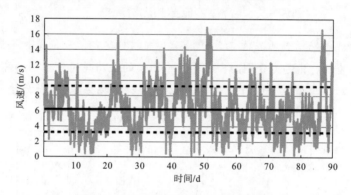

图3.2 风速(y轴)的时间(x轴)序列图

(实线为平均值,虚线为标准差的正负值区间)

截至目前,讨论的主题均为与风速相关的问题,但只有将风速和风向联系起来后,观测数据才是真正有意义的数据。风能从业者不仅应知道风速,还希望了解风从何处吹来,即风向。实际工作中常采用风玫瑰图绘制风向分布。图3.3为根据样本数据绘制的风玫瑰图。需强调的是,图中的风向分布仅代表某段时间内的风向,并不具备气候代表性。注意,气象学中风向定义为风的来向,因此西风(270°)意味着风向来自西方。风玫瑰图的最大优点是可以非常直观地显示风向,但不足是图中无法显示风速。实际工作中有多种版本的风玫瑰图。

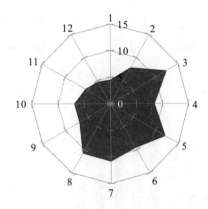

图3.3　样本数据的风玫瑰图

(风玫瑰图能够显示每个定向扇区风的发生频率。1区是北方,即北风的频率。这里的方向已经分成12个部分,

如北部地区是从345°到15°)

　　另一种分析风速与风向关系的是矢量点集图,即对于每一时间点,绘制 $(x, y)=$(速度,方向)的点。图3.4为利用风能数据绘制的矢量点集图,该图可较清晰地表述不同风速下对应的风向。

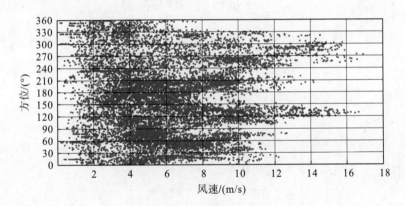

图3.4　矢量点集图

(风的速度沿x轴,方向沿y轴,蓝色点代表给定日期和时间的速度与方向)

　　练习3.4　图3.4中点的密度含义是什么?

　　图3.4能够提供与风相关的许多信息,但仍缺少重要的一环——时间。

　　进一步讨论数据的分布。该分布是用于描述风速出现频率的物理量。以已有数据为例,可以发现风速为6m/s的时间占13%,由此绘制整个数据集的风速频率分布可得到图3.5。

多数情况下（并非全部），某方向上具有气候代表性的风速-时间序列一般遵循威布尔分布（详细信息见框7）。由图3.5也可以发现，尽管风速数据仅有3个月，但其分布已非常接近威布尔分布。

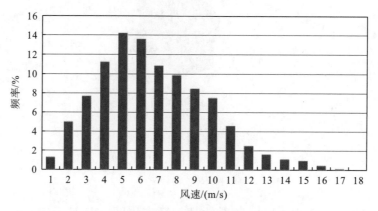

图3.5　示例数据集的风速分布

(x轴为风速，y轴为频率)

框7　威布尔分布

威布尔分布以Waloddi Weibull的名字命名，他在多年前的一篇论文（Weibull，1951）中对此进行了描述，即风速分布可表示为

$$f(u) = \frac{k}{A}\left(\frac{u}{A}\right)^{k-1} \exp\left(-\left(\frac{u}{A}\right)^{k}\right) \tag{3.2}$$

式中，$f(u)$为给定风速u的出现频率；k为地理参数；A为尺度参数。当$k=2$时，可得风能气象学中常见的瑞利分布。

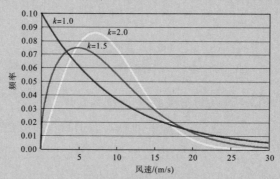

通过改变k可得到不同形状的曲线，这使得威布尔分布适用于描述各类风的分布。A的取值可采用经验分布法则，即分布的平均值约为A的0.9倍。

练习3.5　为什么使用的示例数据不具备气候代表性？

要深入了解数据的实质和质量，需对数据进行细致的分析。因此，应采用数理统计方法对海量数据进行处理和分析。实际中，这一过程具有较高难度且十分耗时。因此，人们经常会忘记问一个简单但十分关键的问题："是否已准备好？"

这一问题意味着数据在经过分析和统计后，其结果能否达到预期目标。目标可以多种多样。例如，为评估某地区的风资源，需要了解当地的大气稳定度。此外，不同模式对数据格式的要求也不尽相同，这就需要进行模式验证，并分析适用于当地的模拟参数等。因此，在使用数据之前，应仔细思考这一问题。

3.4　实际观测

本节将从理论转向实际观测，主要包括两方面内容：与气象尤其是风能相关的观测仪器及其安装。

3.4.1　观测

本节仅涉及气象观测的部分操作和实践环节，目的是向读者提供足够的信息，从而能够理解气象观测，但这并非实地气象观测的"操作指南"。

风能领域中的大多数(并非全部)观测仪器都安装于桅杆之上。桅杆的主要目的是让观测仪器及设备"升到空中"，从而对风力涡轮机高度(接近或位于转子扫过的区域)的大气状况进行观测。将所有仪表集中于桅杆之上的另一目的是便于操作，这也是气压计(压力传感器)安装于桅杆上的原因。

桅杆可分为两种基本类型：栅格桅杆和管状桅杆。管状桅杆通常由铝制或钢制薄圆柱组成，重量轻，易于安装，但桅杆高度一般达不到栅格桅杆的高度。目前，80m几乎是标准管状桅杆的最大高度。栅格桅杆(图3.6)难以架设，建设成本高，但该类桅杆的高度更高，且坚固耐用，被认为是开展长期观测的最佳装置。

图3.6　位于里瑟的125m栅格桅杆塔

（该观测塔的仪器设备齐全，在不同高度臂架上安装有各类观测仪器，图片来源：©Landberg，2015）

　　对于以上两类桅杆，尤其是栅格桅杆，当气流穿过桅杆时，受杆体的影响，气流会发生扭转和形变。由于大气运动的方向和速度均会受到杆体影响，因此，观测到的大气运动并不能代表真实的大气运动状态。为减小杆体的影响，风速与风向观测仪器被安装于由桅杆伸出的吊杆装置上。吊杆安装须遵循相应的安装规范，包括吊杆放置的距离、方向及吊杆厚度等，实际工作中大多采用IEC标准（IEC，2005）。当然，吊杆周围也存在气流扭转和形变。因此，将仪器安装于吊杆远端，可近似忽略吊杆对气流的影响（图3.7）。

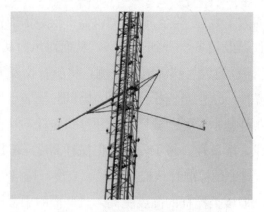

图3.7　栅格桅杆塔的风局部图

（包括风速计、温度计、声波探测仪等安装在吊杆上的仪器）

　　桅杆和仪器安装完毕后即可进行观测。如前所述，风电建设中应进行长期而连续的观测方可获得所需的各类气象数据（如平均风速、风玫瑰图等），这意味着桅杆和仪器将长时间暴露于各种极端的气象条件下。气象桅杆的主要作用之一是观测风速。对于风能开发，一般风速越大其开发潜力越大。因此，所有桅杆在设计时都要求具备较好的抗风性。尽管一般情况下，风对桅杆的影响并不大，但仍会不时发生桅杆被强风吹倒的极端情况，这可能与桅杆的设计和安装有关。

　　桅杆和仪器的安全性和完整性的最大威胁来自降水和低温的共同作用，部分仪器仅会受降水的影响（如激光雷达和声雷达），它的最大威胁为低温雨雪天气导致的结冰。结冰对观测的影响可大可小。栅格和管状桅杆均会发生结冰现象，桅杆结冰将改变桅杆周围的大气运动，进而影响观测结果。若桅杆或仪器上的积冰达到一定程度，还将影响桅杆和仪器的结构和安全。仪器结冰的影响最为明显，以杯状风速计为例，即便杯状风速计上只有极少的结冰也会改变仪器的空气动力学特征，从而造成观测误差，当然这一误差可能很小。尽管这仅是一个微小问题，但在实际中则可能造成较大的影响，原因在于小问题经常容易被忽略并不断累积，最终造成观测存在较大误差。杯状风速计上的积冰越多，误差越大（其他仪器同样如此）。雨雪天气下，位于桅杆高处或远端的风速计很可能被完全冻结而停止工作，这将导致明显的数据缺失，虽然后期可以通过数据插补等手段进行弥补，但这也会增加工作量同时还会导致数据存在更大的不确定性。

　　桅杆积冰通常难以处理，但仪器（如杯状风速计）上的结冰可采用多种方法进行处理。处理仪器结冰的一种典型方法为加热观测仪器，但加热仪器的同时也增大了电力消耗，这对于电力供应不稳定的偏远地区实属难题。杯状风速计、声波风速仪和风向标等相关仪器都有完全或部分加热的型号。

　　其余因素也会导致数据缺失，包括海洋/盐雾、昆虫、灰尘、沙、泥土等。因此，要真正理解观测数据，应了解环境因素对观测的影响。

　　在结束对桅杆的讨论后，接下来将从最常见的仪器设备开始，介绍包括复杂高端设备在内的各种测风设备。在本章末尾的小结部分会对所有涉及的观测仪器进行概况介绍。

3.4.2 杯状风速计

首先讨论杯状风速计。杯状风速计的命名与其形状有关，仪器由三个半圆形空杯组成，主要用于风速的观测。图3.8为杯状风速计实物图。杯状风速计的结构简单，坚固耐用，能以电子信号的方式存储数据，是风能观测的基本设备。除杯状风速计外，还有许多更为先进的风速观测设备，但风电场内的风速观测几乎100%都使用了杯状风速计。

图3.8　杯状风速计(三个半圆形空杯组成)

杯状风速计的工作原理是将空气运动通过杯状物的旋转传递给小型发电机，再通过发电机产生电信号，最后将电信号转换为风速。

练习3.6　图3.8中杯状风速计的转动方向是朝向哪一方向？为什么杯状风速计只朝一个方向转动？

为使杯状风速计的观测更为准确，仪器校准是必不可少的环节。几乎所有仪器经校准后，其观测值的相关指标方能与标准相符。部分校准工作较为简单，如秤的校准仅需参考巴黎IPK(千克的国际原型，BIPM，2015)即可。对于杯状风速计，通常采用风洞或现场校准。风洞校准一般在小型风洞(数米宽)中进行。风洞能够产生速度恒定的气流，然后再利用不同的风速(通常很大)来构建校准曲线。通过校准曲线建立仪器的观测输出与风洞风速间的联系，从而进行仪器校准。风洞的优点是能够产生稳定/无波动的气流，便于确定风速，但这同样也是风洞的劣势，由于真实大气中存在的湍流现象，因此风速很少能处于稳定状态。为克服这一问题，可采用室外现场的方式进行仪器校准。现场校准时将杯状风速计置于室外的真实大气环境中，同时在杯状风速计一侧放置一台性能已知的仪器，之后同时从两台设备中收集观测数据，并建立两台仪器所观测数据之间的关系。现场校准的最大优点为风是"真实的"，即风由自然生成，而非风洞产生。同样，这也是现场校准的最大劣势，因为风杯对不同强度湍流的反应不一（关于湍流的更多信息，请参阅第6章），这使得校准过程较为复杂。

以杯状风速计为例，杯状风速计的旋转速度与风速之间存在如下线性关系：

$$u = S\ell + u_0 \tag{3.3}$$

式中，u为风速；S为杯状风速计的旋转速度；u_0为偏移速度（通常约为0.1m/s）；ℓ为校准或响应距离。注意，u_0也称为起始风速，但此处这一表述并不完全正确，其原因是起始风速（风杯开始旋转时的风速）通常高于偏移速度，偏移速度应可视为一个属于线性拟合部分的参数。ℓ与风速大小有关，且不同型号的杯状风速计的ℓ（和u_0）取值也不同。

杯状风速计经校准后可获得校准证书，校准证书包括校准过程的详细说明。相当数量的机构在开展观测仪器校准工作，如世界风电测试组织（Measuring Network of Wind Energy Institutes）（MEASNET，2015）。因此，校准证书对于观测设备必不可少，并且还应确保校准（或已经校准）仪器处于正常工作状态。

对于校准还应注意，观测仪器通常会长时间置于桅杆之上，所以其会受风和天气变化的影响，这也将导致仪器校准发生变化，产生所谓的漂移。因此，为确保观测精确度，应对仪器进行定期校准。仪器校准周期取决于多种因素，一般应每12个月进行一次校准。

此外，还应注意仪器的"超速"问题。正如现场校准部分所示，大气具有湍流性质，因此，当使用杯状风速计进行观测时，风速通常处于波动状态。若风速计能够立即对风速变化做出反应，那么能够较好地保证观测结果的准确性。然而，实际并非如此，风杯在气流作用下由静止到开始旋转需要一定时间，因而存在一定的滞后性，当风速加快或减慢时，滞后时间也不尽相同。此外，由于惯性作用，风杯旋转速度减缓所需时间要比提高转速所需时间更长，因此观测结果存在一定偏差，最终将导致平均风速略高于实际风速，这就是所谓的"超速"。仪器的"超速"程度取决于杯状风速计的型号，可通过改变风杯的外形设计来减小"超速"的影响。

3.4.3　风向标

风向标用于观测风的来向，风向标同样是一种结构十分简单的观测仪器(图3.9)，甚至比杯状风速计的结构还简单。

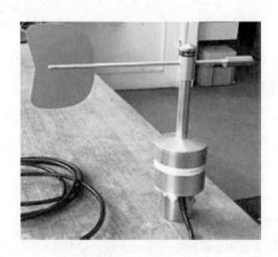

图3.9　风向标

(图片来源：©Landberg，2015)

风向标的观测原理是通过气流推动风向标从而改变其方向，并利用连接于风向标上的电位器所输出的电压读取风向标的位置。为便于理解，可将电位器想象为收音机上控制音量的刻度盘，当转动刻度盘时，音量将发生变化。同样，对于风向，风向标的电位器产生的电压与风向相对应。当然，目前已经研发出更为先进的方法，包括使用LED和光电晶体管读取风向标方位的变化。回到电位器的类型，电位器需要在无短路发生的情况下才能正常工作，因此类似于音量刻度盘上设有上下限，电位器同样被设置为无法进行360°旋转，这意味着电位器上须设有一个特定的扇区，通常约5°，扇区内不会记录任何电信号，也就无法进行观测，该扇区也称为无控制作用区或死区。目前，可采用两种方法解决上述问题，首先是设置无控制作用区，因此扇区内将无法观测和记录任何风向数据；其次是使用系数因子对数据进行扩展，那么无论如何，电位器都可在0°～359°的范围内获取观测数据。因此，在使用和分析观测数据前必须要了解数据的观测和处理方法。

风向标的分辨率通常仅为几度，典型的风向标如图3.9所示。风向标很少需要进行校准，但仍应保证仪器方向保持正北。这似乎很简单，而且在某种程度上确实如此，然而，问题的核心在于正北有三种不同的定义，分别为真北、磁北和地图/网格北。真北(也称大地北)指朝向地理北极的方向。磁北为指南针指向的方向(即指向与地理北极不同的磁北极)。地图/网格北是沿着地图投影的网格线向北的方向。这似乎比较奇怪，但地球上确有许多地区的三种正北存在很大的差异。可以想象，若将风向标对准磁北，并绘制磁北的风玫瑰图，然后再利用地图(地图北)完成风电场的规划和优化等工作，最后会发现两种不同的北方将导致风电场朝向发生高达20°的偏差！

前面已经介绍了风能观测所涉及最重要的两类仪器：杯状风速计和风向标。很多观测仪器，甚至超过一半都属于这两种类型。因此，了解仪器的工作原理及每种仪器可能存在的问题是风能资源观测的重要组成部分。现今已研发出更多设备和技术用于风能观测。例如，卫星遥感技术和相关产品正在风资源评估领域得到快速应用。

3.4.4　声波风速仪

声波风速仪可同时观测风速和风向。声波风速仪较杯状风速计更为先进，其在设计原理、制作工艺及数据处理等诸多方面均有明显优势。

杯状风速计的工作原理为利用风"推动"风杯旋转，而声波则为"倾听"风的声音。声波风速仪通过发出声音脉冲，并计算脉冲到达接收器的时间来观测风速。根据观测要素和要求，声波风速仪有多种类型和版本，但其基本工作原理没有差异，它们都安装有能够在发射和接收声音脉冲间交替的传感器。由于声音是通过声速和风速从一组传感器传送至另一组传感器，因此易得脉冲在两组传感器之间传播所需的时间，其数学表达式为

$$t = \frac{L}{c+u} \tag{3.4}$$

式中，t为所需时间；L为两组传感器之间的距离；c为声速；u为沿传感器连线间的风速。由于声速又与温度有关，由框8读者能够了解声波风速仪是如何通过对温度偏差的巧妙处理来获得风速观测数据的。声波风速仪发出的声波为超声波（高于人耳能听到的频率）。

框8 声   波

如前所述，声速不仅取决于温度，还取决于气压（也取决于空气中的污染物，如灰尘和雾）。传感器交替使用可以使得设备与声速无关，从而避免其出现依赖关系。为理解其工作原理，需再次对式(3.4)进行分析。可见，若声速与风速相反，则速度应由$c-u$给出，同时假设L和c为常数，那么速度可由下式得到：

$$u = 0.5L(1/t_1 + 1/t_2) \tag{3.5}$$

式中，t_1和t_2为经过每一段距离所需的时间。可见，风速的计算并不依赖于声速。当然，也可通过c的温度依赖性来估计空气温度。

声波风速仪有诸多优点：首先，仪器一般没有活动部件，从而极大地减少了仪器磨损；其次，观测频率高（通常为20Hz，即每秒记录20次，部分型号甚至可达100 Hz），这对于风能观测，尤其是湍流（第6章）观测至关重要。声波风速仪的主要缺点为耗电量大，需进行更为细致的保养和维护。此外，声波风速仪易出现校准漂移现象。

超声波的另一个优点是能够直接进行通量观测，但缺点也较为明显，如图3.10所示，声波风速仪的构造同样对气流存在影响，通常设计师在风洞实验时会考虑仪器结构的影响，并在一定程度上进行优化。

图3.10　安装有三套传感器的声波风速仪

3.4.5　热线风速计

热线风速计广泛应用于风速观测中，其原理为通过气流对加热电线降温的程度来确定风速。根据热线风速计的观测原理可知，该仪器也是一种结构较为简单的仪器。热线的准确表述为加热线，仪器工作时通常需将热丝加热至300℃以上，并保持温度恒定。当气流对热丝降温时，需要更强的电流以保持热丝温度恒定。因此，通过测量电信号即可估算出风速(框19)。

3.4.6　皮托管

最后一种，也是最为科学的风速观测仪器是以法国工程师亨利·皮托命名的皮托管。皮托管是一根末端带有压力传感器的管道。风速越大，气压越大，其减去静态压力后即可获得动态压力($P_d = \frac{1}{2}\rho u^2$)，动态压力与风速的平方成正比关系，由于静态压力已知，因此记录气压即可计算出风速。在风能领域，皮托管主要应用于杯状风速计的风洞校准中，其用途为确定参考速度。皮托管在航空飞行器上广泛使用，一般安装于飞机驾驶舱附近(图3.11)。

图3.11　安装于机身侧面的皮托管

3.4.7　温度计

上述观测仪器主要用于风速观测,实际中通常还需对其余气象要素(如气温和气压等)进行观测。温度计是一种利用物质的热胀冷缩原理来实现对气温观测的仪器,利用置于细管中的水银,即可通过测量水银膨胀和收缩的高度来获得气温的变化幅度。

置于室外的温度计通常会记录到一些极端高温的数据,其原因是温度计不仅会被空气所加热,同时还会被太阳辐射直接加热。一般情况下,人们更多地关心空气温度,因此为避免仪器被太阳直接加热,应将其置于阴凉通风的箱体中(史蒂文森百叶箱),或将如图3.12所示的防太阳辐射屏蔽罩置于温度计之上。

图3.12　带防太阳辐射屏蔽罩的温度计

(41003型多板辐射屏蔽罩。经R. M. Young公司允许使用)

相对湿度一般采用干湿球两根温度计进行观测。两根温度计中，一根为普通温度计，另一根温度计的球部用纱布包裹并将其置于蒸馏水中，其原因是为了观测湿度，同时需要对仪器进行旋转以便水分蒸发。该仪器也称为悬吊式湿度计，它能够同时测量湿球和干球的温度，从而得到相对湿度。

对于不同高度上的温差，理论上可使用两根温度计进行测量，但实际上却存在较多问题。如前面所述，根据气温直减率，海拔每升高100m降温不到1℃，若要获得垂直方向上数十米范围的温差则意味着需要使用更高分辨率和更高精确度的仪器。因此，难以对垂直温差进行较为准确的估算。实际工作中通常使用热电偶测量垂直温差，热电偶是一种用于测量温差的仪器，其观测结果也较为准确。

3.4.8　气压计

气压计可用于测量大气压力。如图3.13所示，实现气压测量的方法有两种：第一种方法是通过一个对气压非常敏感的"罐子"的移动过程来记录气压的变化；第二种方法是通过测量汞柱的高度来实现对气压的测量。

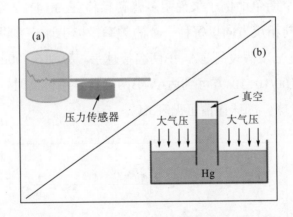

图3.13　两类气压计的原理示意图：(a)通过追踪"罐体"的移动来记录气压的变化；(b)通过测量汞柱(Hg)高度计算气压

相较于热量、辐射和局地风速、风向，气压可能是对各种局地条件最不敏感的变量。因此，传统气象学非常注重气压的应用。需要指出的是，对于气压计和温度计，由于先进电子信息和半导体技术的发展，已开发出能够直接获取气压数据的仪器，但保留对经典仪器的介绍更易于理解其观测原理。后续的章节中还将涉及更为先进的仪器，首先介绍两种遥感观测设备：激光雷达和声雷达。

3.4.9　遥感

本节主要讨论两类遥感设备：激光雷达和声雷达。声雷达通过发射和接收声波进行观测，而激光雷达则是通过光波进行观测。在展开讲解之前，应了解两类仪器的基本观测原理——多普勒频移，因此本节将从理解多普勒频移的含义开始进行讨论。

1. 多普勒频移

多普勒频移(效应)的基本原理为通过观察信号频率的变化来确定发出或反射信号的速度。更准确的定义为假设一个移动物体(如救护车警报)能够发出(发送)声音，当物体向接收器靠近时(人听到警笛声)，频率将增加，反之远离时，频率将降低。

这可用一个简单的例子来说明多普勒频移(图3.14)，当两个人背靠背站立，并各自向相反方向以每秒一个的频率投掷小球，并设小球的飞行速度为10 m/s。进一步假设另有A、B两名接球手，分别在100m之外接球，那么每个小球需100/10=10s方可到达A、B两名接球手。此时，接球手将以每秒1个的频率接球。掷球详情可见表3.1。

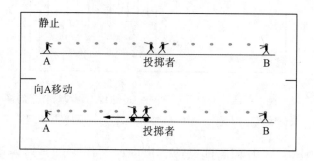

图3.14　多普勒频移示意图(中间为两名投球者，两边为A、B两名接球者)

(上图中投手位置固定，下图中投手位置开始移动)

表3.1 投球手位置固定时的掷球信息

掷球时间/s	投球手位置/m	到达A所需时间/s	到达A的时刻/s
0	0	10	10
1	0	10	11
2	0	10	12
3	0	10	13

然后两名投球手开始以5m/s的速度向接球手A移动,那么接球手A将在10 s后接住第一个球(球将在$T=10$s时到达),但在第1s后,两名投球手已向接球手A移动了一段距离,此时投球手到接球手A的距离为95m(100–5=95m),那么第2个球仅需9.5s(95/10=9.5s)即可到达接球手A(到达时间为$T=9.5+1=10.5$s,该球在$T=1$s时投掷);再过1s,投球手和到接球手A的距离为(95–5=90m),球将耗时(90/10=9s)到达接球手A(到达接球手A的时间为$T=9+2=11$s,因为该球在$T=2$s时投掷)。可见,尽管保持每秒投掷一次球,但由于投球手移动,所以每一球将间隔0.5s到达接球手。掷球详情可见表3.2。

表3.2 投球手位置移动时的掷球信息

间隔时间/s	投球手位置/m	投球手距离A的距离/m	间隔时间/s	到达A的时间/s
0	0	100	10.0	10.0
1	5	95	9.5	10.5
2	10	90	9.0	11.0
3	15	85	8.5	11.5

以上即为多普勒频移(效应):若已知投球频率,即可通过观察球到达接球手的频率来判断投球手的移动速度。

练习3.7 接球手B发生了什么?

事实上,人们主要对波(声音或光)感兴趣,而非对掷球感兴趣。因此,若小球处于波峰处时,那么接球手A所看到的波长(指相邻两个波峰之间的距离)要比投球手看到的要短,这在波动的定义中意味着频率已经发生了改变(增大)。

因此,多普勒频移的数学表达式为

$$\Delta f = \frac{\Delta v}{c} f_0 \tag{3.6}$$

式中，Δf为发射频率f_0与接收频率f之差；Δv为发射器与接收器之间的速度差(若接收器不移动则相当于发射器的速度)；c为声/光速度；f_0为发射频率。可见，在已知c和f_0的情况下，可通过测量频率相对于发射时产生的变化来推算发射器的速度。

无论仪器发射和接收的是光还是声音，人们都只能沿着发射路径获取信息(类似于观察小球)，这也称为视线，此时会有一个问题：若将仪器置于地面，并垂直向上发射光/声波，那么从波频变化中得到的速度应为风的垂直速度，而非水平速度。为了解决这一问题，将激光雷达设计为以类似于圆锥体的方式进行扫描，这样能够得到水平风的投影，然后再将水平风在整个圆锥体的投影进行拼接，最终形成完整的水平风。声雷达同样使用非垂直波束。在了解了多普勒频移和非水平投影的问题后，再开始对两种仪器进行讨论。

2. 激光雷达

激光雷达的英文全称为light detection and ranging，缩写为Lidar。激光雷达是一种基于多普勒频移的风廓线观测设备，使用视觉安全的激光为发光源，激光波长约1μm。激光雷达一般为陆基雷达，因此无需观测桅杆，并可在较短时间内移动和安装。由于激光雷达能够观测200m以上的风速，所以其观测高度比大多数气象桅杆要高许多，因此该设备也可视为一种遥感观测仪器。最近，激光雷达开始安装于海上浮动平台进行海风观测。当然，在海上使用激光雷达还需克服许多技术挑战。此外，由于陆上建设气象桅杆的成本昂贵，而海上桅杆的建设成本更高，因此激光雷达的最大优势之一是能够取代气象桅杆。

激光雷达分为脉冲型激光雷达和连续波激光雷达两种类型。脉冲型激光雷达(图3.15)能够发射光脉冲，并根据反射信号的到达时间判断观测高度。连续波激光雷达(图3.16)则能够将激光束聚焦于不同的高度，并依次快速改变高度以进行风廓线的观测。利用安装于地面的仪器来观测200m高的风速，这听起来可能让人难以置信，但事实确实如此。然而，读者还可能提出一个问题：激光雷达的观测精确度为多少?实际上，现有的各种先进激光雷达的观测精确度已经达到了较高水平，并且在许多情况下，激光雷达的观测精确度甚至已经十分接近杯状风速计。因此，可以认为激光雷达获得观测资料的质量是较为可靠的，采用激光雷达替代杯状风速计进行风速观测也是可行的。对比激光雷达和杯状风速计还可引出一个问题：两种观测设备观测的风是否一致?根据仪器的观测原理可知，杯状风速计观测的是某一空间点的风速，而激光雷达观测的是大范围大气运动的平均风速，因此目前学术界对该问题仍有一定争议。

图3.15　脉冲型激光雷达

图3.16　连续波激光雷达

在结束对激光雷达的讨论之前，请思考一个问题：如何利用激光雷达观测大气湍流?近年来该领域的发展非常迅速，详情可参见Mann等(2012)的相关工作。

3. 声雷达

声雷达的英文全称为sound detection and ranging，缩写为Sodar。与激光雷达类似，声雷达也广泛应用于风廓线的观测中。声雷达基于声波而非基于光波进行观测。实际上，声雷达基于一种人耳可以听到的"啁啾"声(通常仅持续50ms)进行观测。当扬声器发射的声波穿过大气后，一部分能量/声波被散射或反射，反向散射的能量/声波再由另一组接收器所接收。注意，仅有小尺度热力湍流才能将能量散射回接收器。由于多普勒频移(见多普勒频移一节），当声波返回时，其频率将发生改变，因此通过计算即可得到一定高度范围内的风速大小。

进一步发射三束声波即可进行三维风矢量观测。大多数声雷达为单站雷达，发射和接收天线并置于同一设备单元内（图3.17）。

图3.17　基地声雷达（AQ500型测风雷达）

（图片来源©：AQSystem Stockholm AB，经AQSystem Stockholm AB许可使用）

多年来，关于激光雷达和声雷达的争论从未停止，两种雷达各有利弊，生产厂商一直在持续改进设备的性能和质量。

4. 其他先进的遥感观测设备

本节以风力扫描仪和基于智能风技术的双多普勒雷达系统为例简要介绍遥感观测领域的最新进展。遥感观测的发展十分迅速，以上两种设备仅为该领域最具代表性的观测仪器，并不能完全代表遥感观测领域的所有发展动向。

风力扫描仪（WindScanner，2015）是一种由三部激光雷达组成的观测设备，系统通过三部激光雷达之间的协同工作对三维空间中的同一点进行精确观测，从而得到风矢量的三维扫描结果（图3.18）。获取风的三维结构是气象观测中的难题之一，风力扫描仪不仅可对特定空间点的气流进行观测，还可通过激光雷达对整个风电场内风场的三维结构进行快速观测。根据观测技术的不同，风力扫描仪的观测范围可从几百米的短距离观测到数公里的长距离（8km）观测。

图3.18　风力扫描系统的原理示意图(三部激光雷达指向同一空间点)

(图片来源:©丹麦技术大学,经丹麦技术大学许可使用)

　　基于智能风技术的双多普勒雷达系统(Smartwind,2015)也可达到类似的效果,但该系统中并不包含激光雷达,而是采用雷达系统(图3.19)进行观测的。雷达系统的应用极大地扩展了观测范围,双多普勒雷达系统的实际观测范围可达30 km以上,因此能够实现对风电场和周边地区大范围风场的观测,典型应用包括采用该系统对风力涡轮机的尾流分布进行观测(图3.20)。

图3.19　部署于商业风电场附近的得克萨斯理工大学移动式多普勒雷达系统

(图片来源:©得克萨斯理工大学,经得克萨斯理工大学许可使用)

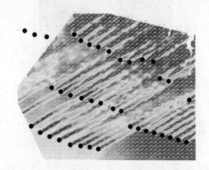

图3.20　使用得克萨斯理工大学双多普勒雷达系统观测得到的风力涡轮机尾流分布(该技术已由SmartWind商业化运行)

(图片来源:©得克萨斯理工大学,经得克萨斯理工大学许可使用)

本章已介绍了多种风能观测仪器,下面将讨论云高仪,最后介绍两种可替代气象桅杆的高空飞行仪器。

3.4.10 云高仪

云高仪可向上发射高度达15 km的激光束以观测云底高度(图3.21)。当激光束被大气层反射后,接收器将接收反射回的信号,这与激光雷达的工作原理类似。风能行业中,云高仪多被用于观测大气边界层的结构,目的是对边界层进行精细分层(图2.6)。第4章将介绍如何利用观测仪器对风廓线的垂直结构进行精细化研究。本章结束之前,本节还将介绍两种气象桅杆的替代方案:探空气球和卫星。

图3.21 云高仪①

3.4.11 探空气球或无线电探空仪

法国于1896年首次施放探空气球,自此探空气球开始应用于气压、气

---

① 图片来源:k047, https://commons.wikimedia.org/wiki/File:Single_Lens_Ceilometer.JPG#/media/File:Single_Lens_Ceilometer.JPG。

温、湿度和风速等要素的观测中。气球施放后可通过雷达、无线电或全球定位系统(GPS)对其进行跟踪，观测数据则利用无线电发射器传回地面接收器，因此探空气球也称为无线电探空仪(图3.22)。

图3.22　升空的探空气球(仪表置于位于绳索末端的白盒中)

(图片来源：©NASA)

气象站每天早晚两次施放探空气球,每天将有超过800个的探空气球被施放到大气层中,从而为常规气象观测和数值天气预报模式提供观测数据。全球各地的探空观测均是在WMO的统一组织下进行，并在全球范围内实现数据共享。美国国家海洋和大气管理局(NOAA)甚至在其网站上开设了专门页面用于宣传如何回收探空气球(NOAA，2015b)。

3.4.12　星载观测仪器

结束对探空气球的介绍后，本节将介绍星载观测仪器。顾名思义，星载观测仪器是一种安装于地球轨道卫星上的观测仪器，可提供包括地形信息在内的大量观测数据。风能领域中，星载观测仪器主要用于海上风场的分析和研究。星载观测仪器一般包括两类：散射计和合成孔径雷达。

首先对这两类仪器进行简要介绍。二者均为微波范围(约1cm)内工作的主动式传感器。主动式意味着星载观测仪器能够发射微波，并接收由物体表面反射的信号，这与图2.3中的一些被动式卫星观测数据有所差异。由于仪器持续不断地发射微波信号，因此其工作方式一般为24小时不间断工作。

二者的主要区别在于观测对象和分辨率的差异。散射计可提供海洋表面风矢量(即速度和方向)的观测数据，但数据空间的分辨率不高，通常仅能达到25 km的水平。合成孔径雷达具有较高的空间分辨率(1km)，但该仪器仅能够进行风速或风向的单变量观测，无法开展风速和风向的同步观测，因此需根据风速或风向二者中的任意一个变量来确定另一变量。为了解决这一不足，实际研究中一般采用数值模式中的风向数据来确定风速大小(第8章)。此外，利用风纹(风在海洋表面形成的条纹线)也可得到±180°范围内的风向数据。

如何根据遥感观测仪器获取的洋面信息来判断风速和风向？问题的答案是这与重力波有关。重力波是局地风的瞬时变化在水面上所形成的尺度很小的波动(波长为4～7cm)，利用波动的反向散射信号，再通过特定算法即可估算出洋面风速。此类算法中，应用最为广泛的是CMOD-4算法(Stoffelen and Anderson，1993)。

卫星数据主要用于海上风资源的评估(Hasager et al，2005)[①]，以及确定海上风电场的尾流特征(Hasager，2014)。图3.23给出了QuickSCAT卫星上搭载的海风散射仪，这也是散射计中的一种。

图3.23 NASA QuickSCAT卫星上搭载的海风散射仪

(图片来源：©NASA)

---

① Hasager 等在撰写该论文时，本书作者已担任海上风资源估算项目组的经理。

3.5　小　　结

本章讨论了气象观测涉及的两方面内容：气象数据、时间序列和数据分析的理论知识及与实际业务紧密相连的各种观测仪器及其工作原理。

在理论部分，本章首先回答了最基本的问题：为什么要进行气象观测？该问题能够促使人们思考诸如观测地点、观测时长及观测精确度等问题。

本章还讨论了在时间序列分析方面的基础理论，包括平均值、标准差及其绘图方法，介绍了风能观测数据的时间序列图、散点图、风玫瑰图和风速分布图。此外，还介绍了观测数据的代表性、分辨率、准确性和精确度等概念。

为深入理解观测数据的代表性，本章引入了数据质量这一概念，并提出了一个关键问题："是否已准备好？"风能研究中首先应确保数据的可靠性，其次应分析观测数据是否有助于解决实际问题，尤其是在进行大量数据分析和绘图工作后，通常已忽略这一问题。

对于实践性较强的观测部分，本章从两类观测塔(即栅格塔和管状塔)开始，逐步介绍了表3.3中的各类仪器。

表3.3　本章涉及的观测仪器列表，第二列为观测对象

仪器	观测对象
杯状风速计	风速
风向标	风向
声波风速仪	风速、风向、温度
热线风速计	风速
皮托管	风速
温度计	温度
湿度计	湿度
气压计	气压
激光雷达	风速
声雷达	风速
云高仪	云底高度
散射计	风速、风向

练　习

3.8　根据本章相关知识开展风能分析。数据可以从winddata.com等途径获取。

3.9　将股价、汇率、电价或类似图表与图3.2进行对比，并讨论二者的异同点。

3.10　已知两个数值：202.8和240.1，何种情况下二者相等？

3.11　求高斯分布的数学表达式。

3.12　绘制两幅威布尔分布图，其中A均取10，k分别取2.2和3.0。

3.13　试推导公式(3.5)。

3.14　为什么风力扫描仪能够获取风的三维结构？

第4章　边界层风廓线

就重要性而言，风廓线是本书的核心章节。对于风电场，通过风廓线可获取风电场上空在垂直方向上的风速变化特征及风电场周边风速的分布情况。风速的垂直分布与高度有关(非轮毂高度)，因此可根据不同高度的风速计算轮毂高度的风速，这也正是其重要性所在。

风廓线实质上表征的是离地高度(AGL)与该高度上水平风速之间的关系。尽管风廓线表征的物理意义较为简单，但实际上确是非常复杂的。因此，本章将从最简单且使用最为广泛的风廓线表达式开始，逐渐过渡到较为复杂的理论和模型。

本章还将讨论大气的其他性质，如稳定度，更确切的表述是大气稳定度。大气稳定度在复杂风廓线的分析和研究中有着十分重要的作用，因此本章将使用较多篇幅对其进行讨论。

此外，本章还将简要介绍风向。与风速不同，风向变化相对较为简单，大多数情况下近地层内的风向不随高度的变化而改变。

4.1　一种简单的对数风廓线的推导方法

风廓线能够表征边界层中风的基本特征，因此有必要对其进行推导。为简单起见，书中仅给出简要的推导过程，读者也可自行推导以加深对风廓线物理意义的理解(框9)。

首先从风廓线的两大基本性质开始：

(1)近地面部分的风速为零。

(2)风速变化率随高度的增加而减小，越靠近地表，风速变化越大；反之高度越高，风速变化越小。

这种风速的变化率也称风切变，其表达式为

$$\frac{\mathrm{d}u}{\mathrm{d}z} \tag{4.1}$$

换言之,风切变的强度随高度的增加而减小。下面通过一个练习进行说明。

练习4.1 哪种表征大气性质的物理量一定会随高度的增加而减小?

读者有可能认为最佳答案是气温。不可否认,气温一般随高度的增加而降低,但在一些特殊情况下,气温甚至会随着高度的增加而升高(图2.4)。气压也是可能的答案之一,但气压也会随高度和位置的变化而发生改变。此外,气温和气压的量纲/单位并不适合讨论风速和风速随高度的变化。

实际上确有一个物理量一定会随高度的增加而减小,答案就是高度的倒数,即

$$\frac{1}{z} \tag{4.2}$$

由上式可知,当z增大时,$1/z$一定减小。

假设风切变与高度的倒数成正比关系:

$$\frac{\mathrm{d}u}{\mathrm{d}z} \propto \frac{1}{z} \tag{4.3}$$

对其进行变换,可得

$$\mathrm{d}u \propto \frac{\mathrm{d}z}{z} \tag{4.4}$$

对式(4.4)从z_0到z积分,可得

$$\int_{u(z_0)}^{u(z)} \mathrm{d}u \propto \int_{z_0}^{z} \frac{\mathrm{d}z}{z} \tag{4.5}$$

即

$$u(z) - u(z_0) \propto \ln(z) - \ln(z_0) \tag{4.6}$$

将z_0定义为平均风速为零($u=0$)的高度,变换后可得[①]

$$u(z) - 0 \propto \ln\left(\frac{z}{z_0}\right) \tag{4.7}$$

当方程两边成比例时,可设存在比例系数A,则上式变为

---

① $\ln a - \ln b = \ln \dfrac{a}{b}$。

$$u(z) = A\ln\left(\frac{z}{z_0}\right) \tag{4.8}$$

边界层气象中，比例系数 $A = \dfrac{u_*}{\kappa}$。式中，u_* 为摩擦速度；κ 为卡曼常数，通常取0.4。进一步可得

$$u(z) = \frac{u_*}{\kappa}\ln\left(\frac{z}{z_0}\right) \tag{4.9}$$

上式即为风速的对数分布规律或对数风廓线公式。实际上，通过该定律计算得到的结果与观测结果基本吻合［也可通过理论证明得到，参见Landberg，（1993）］。

回顾前文所述可知，令 $u(z_0) = 0$，而非 $u(0) = 0$ 非常好的假设条件，因为零没有对数。z_0 为空气动力学粗糙度长度，简称粗糙度，并在本章和第5章均有涉及。不同类型的下垫面粗糙度大小可参见表5.1。

4.2　对数风廓线的应用

4.1节得到了水平风速与高度之间的关系，本节将进一步对其进行讨论。首先，需了解 u_* 和 z_0 的作用（框9给出了 u_* 的物理意义）。由式（4.9）可知，风速与摩擦速度 u_* 成正比，因此风速将随 u_* 的增大而增大。由于粗糙度隐含于对数之中，因而粗糙度 z_0 相对较为复杂。根据地表粗糙度的定义，z_0 即为平均风速等于零的高度。若在对数坐标系（即y轴坐标为对数）中绘制对数，那么所得图形应为一条直线。了解对数坐标系这一特性十分必要，其原因为对数坐标系中，风廓线同样为直线，z_0 则变为风廓线与y轴的交点。为了解风廓线形状随 z_0 的变化规律，可进行以下练习。

框9　u_* 的物理意义

尽管前面仅给出了风速对数分布规律的简要推导过程，但该表达式的物理意义十分清晰。u_* 可由湍流大气的两个基本量决定：水平动量的垂直通量 τ，即水平风场在垂直方向上的变化，及空气密度 ρ，因此 u_* 可由下式表示：

$$u_* = \sqrt{\tau / \rho} \qquad\qquad (4.10)$$

上式表明，u_* 和风廓线与大气湍流均存在密切联系（详见第6章）。

练习4.2　请分别在线性坐标系和对数坐标系中绘制下列三种情况下由地表到200m高度的风廓线分布：水面（z_0=0.0002m，u_*=0.31m/s）、草地（z_0=0.03m，u_*=0.43m/s）和森林（z_0=1m，u_*=0.58m/s）。

将三组数据分别代入式（4.9），并在风速-高度的线性坐标系中绘图即可得如图4.1所示的风廓线。如图所示，地表粗糙度对各高度的风速均有明显影响。例如，同样为100m的高度，森林上空的风速约为7m/s，而水面上空的风速则为10m/s。可见，地表粗糙度越大，上空风速越小。

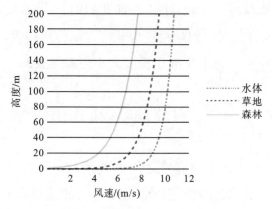

图4.1　风速-高度坐标系的风廓线分布

使用相同数据在对数坐标系中绘制风廓线可得三条直线（图4.2），其斜率为 u_*/κ，风廓线与 y 轴的交点为粗糙度 z_0。

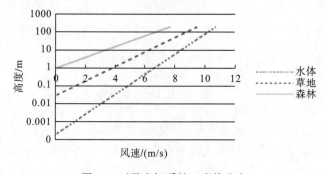

图4.2　对数坐标系的风廓线分布

练习4.3 已知测风塔可在三个高度(30m: 5.7m/s、50m: 6.2m/s和100m: 6.9m/s)上进行风速观测,假设风速随高度服从对数分布规律,试求地表粗糙度和摩擦速度(图4.2)。(提示: 使用对数坐标。)

读者可采用不同的方法进行计算,最简单的方法是将数值输入电子表格(如excel),并利用不同的 u_* 和 z_0 值进行拟合,直至得到最终结果。在数学上更为严谨的计算方法是选择两组高度和风速值进行函数拟合,最终可得 u_* =0.4m/s, z_0=0.1m,所得图形与图4.3类似。

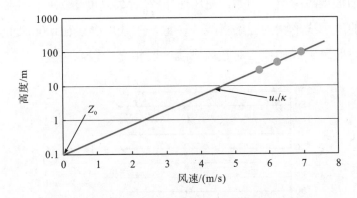

图4.3 风速-自然对数高度坐标系中的风廓线分布
(圆点为三个高度上的风速观测值,直线与y轴交点为粗糙度z_0, u_*/κ 为直线的斜率)

4.3 幂指数分布规律

在风电工程和其他诸多领域中,常采用幂指数分布规律来分析风廓线:

$$u(z) = u_r \left(\frac{z}{z_r} \right)^{\alpha} \tag{4.11}$$

式中, u_r 为高度 z_r 处的参考风速;α 为风切变指数,也称赫尔曼(Hellman)指数或幂指数;$u(z)$ 为高度z处的风速。式(4.11)实际上是对数风廓线的另一表达形式,后面将会看到,对数风廓线实质上是基于物理规律的推理,而幂指数分布规律本质上更多体现的是数学原理。对比对数和幂指数风廓线可以发现,两类风廓线的形状较为相似,这表明两种风廓线的表达式并无真正的差异,事实上这也符合物理规律,因为两种表达式表征的是同样的大气现象。

α 的取值一般为1/7（中性层结大气，见4.8节），α 的大小并非一成不变，其取值范围可大可小。随着 α 取值的变化，风廓线的形状也将随之发生改变，α 取值越大，风廓线越平缓，即风速的增幅越小。

练习4.4 已知100m高度的风速为10m/s，试绘制 α 为0.1、1/7和0.2时的风廓线。

根据式(4.11)可绘制得到图4.4中的风廓线。如图所示，α 取值越大，风速随高度增加得越缓慢。例如，在风速-自然对数高度坐标系中绘制上述风廓线，得到的风廓线形状为三条直线。注意，三条风廓线在100m处的风速应相等，这与对数风廓线相反，对数风廓线一般相交于较高高度。

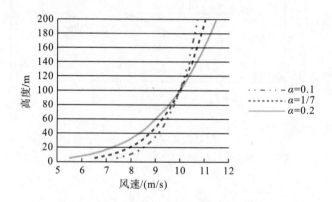

图4.4 三种 α 取值对应的幂指数风廓线

练习4.5 设高度分别为50m和100m，试根据练习4.2中的观测值计算 α，并图示之。

α 可由式(4.11)计算：

$$\alpha = \frac{\ln(u_1 / u_2)}{\ln(z_1 / z_2)} \tag{4.12}$$

将高度值代入上式，可得

$$\alpha = \frac{\ln(6.2 / 6.9)}{\ln(50 / 100)} = 0.154 \tag{4.13}$$

练习4.6 已知高度为50 m，α 的取值采用练习4.5的结果，请计算30 m高度的风速，并将其与练习4.3的观测结果进行对比。

已知 α 和两组参考风速，易得到 30m 高度风速 [需再次使用 50m 和式 (4.11)]：

$$u(30) = 6.2\left(\frac{30}{50}\right)^{0.154} = 5.7\text{m/s} \tag{4.14}$$

由上式可见，计算结果与观测值完全一致。注意，若使用 100 m 高度的风速进行计算，则得到的 30 m 高度的风速结果同样不变。

4.4　平均时间和其他相关性

在讨论现实情况中的风廓线之前，必须在本节中增加一部分有关风廓线理论的内容。截至目前，本书在讨论水平风速 $u(z)$ 时都并未过多介绍水平风的实际意义。可以想象，$u(z)$ 为一定高度上的风速，但由于湍流的存在，实际风速通常存在较大波动（详细内容将在第 6 章介绍）。因此，若要得到某一时刻的瞬时风廓线，如某一秒，此时的风廓线形状会与之前的理论结果存在较大差异。由于波动的存在，风廓线会呈现明显的 "Z" 形分布。为了得到与前述理论部分相同的风廓线形状，需按照 3.2 节对风速进行时间平均。

WMO 的标准做法是进行 10min 以上的平均（WMO，2008），以得到符合规定的气象资料。当然，时间平均越长越好，但如果时间平均过长，那么 "天气" 很可能发生变化（与此相关的大气稳定度，这将于稍后进行讨论），这也将改变风廓线的形状。因此，需要了解计算时间平均时所用的平均周期。

由于 "天气" 对风廓线的形状存在影响，因而由于各个季节天气状况的不同，将造成各个季节对应的风廓线形状存在差异，这意味着冬季和夏季的风廓线将明显不同（主要是由于大气稳定度不同）。同样地，日间和夜晚的风廓线形状也有差异。

最后，由于实际大气的粗糙度 z_0 很少相同，即在一定区域内几乎不存在均匀分布的粗糙度。这意味着不同风向的风廓线也不相同，因此若对所有方向上的风速进行平均，则得到的风廓线与理论值也不相同。

总之，在计算风廓线时应充分了解其平均周期的长度及风速资料的质量和均一性。此外，即使对风速进行年平均，得到的风廓线仍与理论值非常吻合。

4.5 两类"知名"的风廓线

实际中常遇见各种类型的风廓线，本节主要介绍两类"知名"的风廓线。一类为经典的Leipzig风廓线。该风廓线发现于1932年，之后一直用于边界层气象的研究中（Mildner，1932；Lettau，2011）；另一类是2014年发现的Høvsøre风廓线（Pena et al，2014），该风廓线由丹麦Høvsøre地区测风塔获取的测风数据得到。本节将采用两套数据拟合上述风廓线，并对其进行讨论。

练习4.7 使用网站（http://larslandberg.dk/windbook/windbook/data_files/leipzig.dat.txt）提供的数据绘制Leipzig风廓线，并采用拟合的对数风廓线估算 u_* 和 z_0。

根据以上数据可得图4.5。u_* 和 z_0 的估算值为：u_* =0.7m/s和 z_0 =0.15m（根据求解练习4.16所用的计算公式，使用高度最低处两点的风速值可得 u_* =0.75m/s和 z_0 =0.23m）。

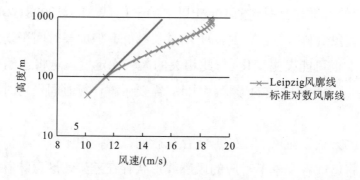

图4.5 Leipzig风廓线（蓝色十字实线）和标准对数风廓线（红色实线）

如图所示，对数坐标中仅使用少量低层风速的观测数据即可拟合出对数风廓线，但随着高度的增加，风速逐渐偏离直线（标准对数风廓线），其原因可通过解答章节末尾的习题得到。

练习4.8　设 z_0 =0.015m，u_* =0.62m/s（u_* 通过直接观测获得），使用网站（http://veaonline.risoe.dk/tallwind/cases/case6.txt）提供的数据绘制风廓线，并与Leipzig风廓线进行对比。

图4.6为根据观测资料绘制的两类风廓线。如图所示，多数高度上风速的观测值与拟合值非常接近，这表明计算模型与预期结果相符，同时 u_* 并非由计算获取，而是通过独立观测得到的，因此这在一定程度上也验证了理论的准确性。

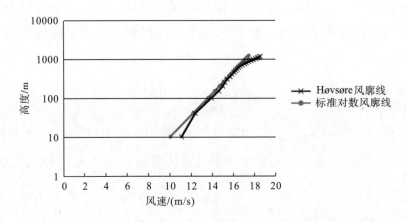

图4.6　Høvsøre风廓线（黑色十字实线）和标准对数风廓线（红色点实线）

由于两条风廓线的观测方式不同，因此不宜进行直接比较。Leipzig风廓线的观测资料通过携带有两台经纬仪（用于三角测量）的探空气球获得，观测时段为十月，共进行了28次观测。Høvsøre风廓线数据由安装在测风塔上100m处的桅杆式声波风速仪获得，100m以上的风速使用激光雷达获取（两类设备的详细说明参见第3章），观测时段为五月上旬。可见，Leipzig风廓线（资料）的时间平均周期可能很短（可能最多为分钟级，相当于探空气球通过各高度层所需的时间），而Høvsøre风廓线资料的时间平均周期达到8小时。此外，探空气球和激光仪器的观测方式也有着根本性的区别。

正如本节开头部分提到的，实际大气中还存在许多类型的风廓线。因此，对风廓线的研究要基于理论，更重要的是应结合实际观测的数据进行分析。

4.6 零平面位移

根据气流～一级近似～伴随地形关系(见第5章)可知,风廓线的形状可随地形发生变化。当气流通过多孔介质(如森林等非固体物质)时,气流将以某种形式"穿越"介质。若气流能够通过介质,那么风廓线也应能够穿越该介质(风廓线仅是大气运动的表现形式之一)。根据离地高度的定义,离地高度由地表所决定,而非多孔介质/森林顶部高度(通常模糊不清)来确定。当下垫面为森林时,可引入一个新的概念——零平面位移[①],其表达式为

$$u(z) = \frac{u_*}{\kappa} \ln\left(\frac{z-d}{z_0}\right) \tag{4.15}$$

式中,d为零平面位移。如图4.7所示,d的作用是抬升风廓线,公式中其他变量不变。注意,若采用对数坐标系计算风廓线,风廓线与y轴的交点应为$z_0 + d$。

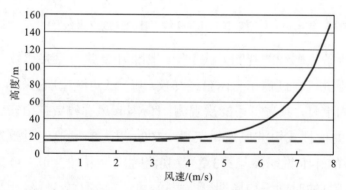

图4.7 多孔介质(如森林)对数风廓线(实线)
[位移高度(虚线)为15m, $u_* = 0.4$m/s和$z_0 = 1.0$m]

练习4.9 为什么风廓线与y轴的交点为$z_0 + d$?

再次以森林作为多孔介质。首先提出一个问题:林区边缘地区和林区以外地区的风速会发生怎样的变化?目前,一些学者就这一问题开展了大

---

① 也称零平面位移高度或长度。

量研究，使用了包括测风塔、声雷达和激光雷达在内的先进设备和模式进行观测和模拟(Dellwik et al，2013)。较为简单的方法(图4.8)是将森林分为三部分：林区以外、林区边缘和林区上方，并进行以下假设。

(1)林区以外：无位移高度，粗糙度以地表粗糙度z_{01}代表。

(2)林区上方：存在位移高度d，粗糙度以森林粗糙度z_{02}代表。

(3)林区边缘：位移高度逐渐减小为零，粗糙度等于粗糙度z_{02}。

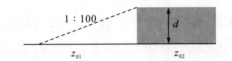

图4.8　多孔介质(阴影地区，如森林)内部、交界区和外围位移高度

z_{01} 和 z_{02} 分别为林区外围和林区内的粗糙度，d为位移高度，标记有1：100的虚线为坡度

目前，对位移高度的变化特征并不十分清楚。为简便起见，可假设位移高度线性减小，且坡度设为1：100(Corbett and Landberg，2012)。

最后一个问题：森林的粗糙度和位移高度的取值范围是什么？首先，取值范围取决于森林的密度和种类；其次，粗糙度可从0.4m(可能更低)到超过1m不等(仍未取得广泛共识)。一般而言，位移高度可取森林特征高度的2/3~1倍(Corbett and Landberg，2012)。

4.7　内边界层

前述简要介绍了大气的垂直风廓线，本节将引入大气内边界层(internal boundary layer，IBL)。内边界层是指当气流从一种下垫面过渡到另一种热力、动力性质不同的下垫面时，在原边界层内产生的新边界层。内边界层在很大程度上是由粗糙度的改变造成的，实际上不同地区的粗糙度并不相同，但多数情况下的粗糙度变化并不大。然而，某些情况下粗糙度可发生明显变化，例如，当风由海洋吹向陆地时，海岸线附近的粗糙度相差可达数个量级。海洋风廓线可采用对数风廓线表示，z_0为海洋粗糙度。当气流到达海岸线时，风廓线仍满足对数律分布，但z_0已由海洋粗糙度变为地表粗糙度。很明显，粗糙度变化后风廓线也将随之改变，此时内边界层形成并逐步发展。简言之，气流在不同粗糙度的影响下将逐渐达到新的平衡。气流由海洋到达陆地的初期，仅靠近陆地部分的气流会受到地表粗糙度的影响，随着气流逐渐深入内陆，受影响的大气逐渐增厚，直至内边界层高度达到整个大气边界层的高度，并最终形成新的平衡。可见，内边界层的高度处于不断变化中。内边界层的高度可采用一个简单的经验法则进行计算，即远离海岸线处，内边界层高度按照1：100的比例增加(Raynor et al，1979)，例如，在距离陆地距海岸线100m处，内边界层高度将增加1m。

因此，风廓线可用更为准确的形式表达(Troen and Petersen，1989)，即

$$u(z) = \begin{cases} \dfrac{u_{*1}}{\kappa}\ln\left(\dfrac{z}{z_{01}}\right), & z > c_1h \\ u'' + (u'-u'')\dfrac{\ln(z/c_2h)}{\ln(c_1/c_2)}, & c_2h \leqslant z \leqslant c_1h \\ \dfrac{u_{*2}}{\kappa}\ln\left(\dfrac{z}{z_{02}}\right), & z < c_2h \end{cases} \quad (4.16)$$

式中，$u' = (u_{*1}/\kappa)\ln(c_1h/z_{01})$，下标1为上游（洋面）风廓线；$u'' = (u_{*2}/\kappa)\ln(c_2h/z_{02})$，下标2为下游（陆地）风廓线；$c_1$和$c_2$为常数，取$c_1 = 0.3$，$c_2 = 0.09$ (Semprevivaet al，1990)；h为内边界层高度。尽管式(4.16)相对复杂，但便于计算上游(海洋)和下游(陆地)的风廓线。

练习4.10 使用下列条件计算由海岸线引起的内边界层风廓线(风由海洋吹向陆地)。海洋：$u_{*1} = 0.3$，$z_{01} = 2\times10^{-4}$；陆地：$u_{*2} = 0.525$，$z_{02} = 0.2$，h=200m。

将上述条件代入式(4.16)可得图4.9。由图可见，风廓线存在两个风速转折点：第一个点(位于18m高度，为c_2h)代表陆地平衡态被破坏，风廓线进入过渡区；第二个点(位于60m高度，为c_1h)代表过渡区结束，风廓线发生新的变化。注意，风廓线的起始位置处仍与上游洋面处于平衡状态。

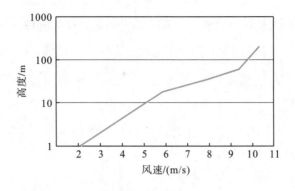

图4.9　风速风廓线

　　回到内边界层高度的计算，目前对于内边界层高度的计算仍存在争议，即便对于最常用公式中参数的取值都未能取得共识。下面给出 Miyake（1965）提出的内边界层高度的计算方法，即x处的内边界层高度h可由下式得到，即

$$\frac{h}{z_0'}\left[\ln\left(\frac{h}{z_0'}\right)-1\right]=C\frac{x}{z_0'} \tag{4.17}$$

式中，$z_0'=\max\left(z_{01},z_{02}\right)$；$C=0.9$。图4.10给出了内边界层高度的示意图。

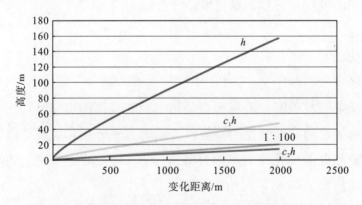

图4.10　由粗糙度变化（0m处）导致的内边界层发展过程示意图

（顶部蓝色实线（标注"h"）为内边界层高度，黄色实线为c_1h线，绿色实线（标注"1：100"）为根据1：100经验法则得到的结果，底部红色实线为c_2h线，x轴为从粗糙度开始变化时所处位置到另一位置的距离，上游为洋面粗糙度，下游粗糙度设为0.6m）

　　练习4.11　已知地表粗糙度为0.1 m，试计算内陆1000 m处的内边界层高度。

由于式(4.17)无解析解，故求数值解可得 $h = 65.6\text{m}$，将其乘以 $c_1 = 0.3$ 可得 $h_1 = 19.7\text{m}$，这与按照 $1:100$ 经验法则得到的结果十分接近。

后面将讨论大气稳定性，需注意的是，在复杂的边界层模式中，内边界层的发展也取决于大气稳定度。一般而言，大气越稳定，内边界层发展得越慢(稳定大气中的混合作用受到抑制)，反之亦然。前述均指中性层结条件下的风廓线。

4.8　稳　定　度

大气稳定度是风能气象学中的一个重要物理量，通常简称为稳定度。大气稳定度涉及复杂的热力学方程和水热关系。为便于理解，本节尽可能采用简单明了的方式介绍稳定度的概念。首先，假设大气为干洁大气(干空气)，即大气中不含水汽。这一假设并不符合大气的实际状态，但是水汽的引入将使方程变得极为复杂，并且仅讨论干空气仍可获得所需的结论。

在给出大气稳定度的定义之前，应了解大气的基本状态。大气一般存在三种状态，分别对应以下稳定度：

- 稳定
- 中性
- 不稳定

大气稳定度与气温，确切而言是与气温随高度的变化密切相关，为了更好地理解气温随高度变化的特征，可回顾大气分层和性质等内容。

气温随高度的变化称为气温直减率：$\Gamma = -\mathrm{d}T/\mathrm{d}z$。干空气随高度的变化称为干绝热直减率 Γ_d，可由下式得

$$-\mathrm{d}T/\mathrm{d}z = \Gamma_\mathrm{d} = c_\mathrm{p}/g \qquad (4.18)$$

式中，T 为气温观测值；z 为高度；c_p 为定压比热容；g 为万有引力常数。以上气温直减率均为衡量大气状态的物理量。上述方程中，气温随高度的增加而降低，但如第2章中提及的，这一关系仅在对流层中存在。进一步代入 c_p 和 g，可得 Γ_d：

$$\Gamma_d = c_p / g = \frac{1004\text{J} / \text{kg} \cdot \text{℃}}{9.81\text{kg} / \text{s}^2} = 9.8\text{℃/km} \tag{4.19}$$

即垂直方向上每升高1km，气温将下降约10℃。或类似于许多登山者的观点，海拔每上升100m，气温将下降1℃。实际大气的温度直减率 Γ 一般为6～7℃/km。

此时可引入位温 θ：

$$\theta = \left(\frac{p_0}{p}\right)^{R/c_p} \tag{4.20}$$

如上所述，T 为一定高度上大气的"实际"温度；p_0 为地表气压；p 为与 T 相同高度的大气压；R 为干空气的比气体常数（=287J·℃/kg）；c_p 为定压比热容。该方程也称为泊松方程。

位温是一个复杂的物理量，但位温具有保守性，即气团在垂直方向上的上下移动过程中并不吸收或释放热量（绝热过程）。

此外，位温还具有另一个重要性质，即在中性层结条件下，位温不随高度发生变化，即

$$d\theta / dz = 0 \tag{4.21}$$

若位温随高度的升高而增加，即

$$d\theta / dz > 0 \tag{4.22}$$

那么大气为稳定层结状态。

若位温随高度的升高而减小，即

$$d\theta / dz < 0 \tag{4.23}$$

那么大气处于不稳定状态。

以上即为大气稳定度的定义，需注意大气状态可用多种方式表示。下节将重点讨论近地层的大气稳定度。

地表附近的近地层中，太阳辐射是导致气温随高度变化及由此造成的大气稳定度发生变化的直接原因（框10和框11），其基本过程为：穿透大气层的太阳短波辐射到达地球表面（地球大气对太阳短波辐射几乎为透明体）后被地表所吸收，并通过射出长波辐射的形式加热大气。换言之，大气不直接吸收太阳短波辐射，因此太阳辐射可穿透大气直接加热地表。地面被

加热后再以射出长波辐射的形式向外辐射热量，并被大气吸收，从而加热大气。因此，大气是被地表长波辐射所加热，而非直接由太阳短波辐射直接加热(图4.11)，夜晚则与日间相反。可见，太阳直接加热大气的观点并不正确，短波辐射穿过大气层后加热地表，然后再通过地表射出长波辐射加热大气。

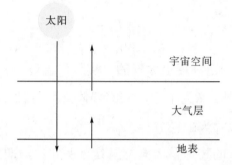

图4.11　宇宙空间、大气和地球表面间的辐射平衡示意图(箭头表示辐射方向)

框10　T与θ的关系

如本章开头部分所述，大气的热力学方程十分复杂，此处将进一步探讨T与θ的关系。

T和θ随高度变化的关系可由下式表示：

$$\frac{1}{\theta}\frac{\mathrm{d}\theta}{\mathrm{d}z}=\frac{1}{T}(\Gamma_{\mathrm{d}}-\Gamma)\tag{4.24}$$

式(4.24)较为复杂，当大气为中性层结时，即$\mathrm{d}\theta/\mathrm{d}z=0$时，可得

$$\frac{1}{\theta}\cdot 0=\frac{1}{T}(\Gamma_{\mathrm{d}}-\Gamma)\tag{4.25}$$

进一步变形可得

$$\Gamma=\Gamma_{\mathrm{d}}\tag{4.26}$$

上式表明，当大气为中性层结时，气温直减率等于干绝热直减率。根据$\mathrm{d}\theta/\mathrm{d}z$，该方程也可用于推导$\Gamma$与$\Gamma_{\mathrm{d}}$之间的其他关系。

框11 反 照 率

反照率是行星科学中用于表征行星辐射特性的物理量，其定义为被行星表面反射的入射光或辐射的比例。简言之，反照率代表行星表面对辐射的反射量。实际上，反照率与大气稳定度无关，但与太阳辐射有关。反照率是气候与气候变化研究中经常涉及的物理量。除行星反照率外，不同下垫面的反照率也不同：冰面的反照率较高(约0.9)，沥青的反照率很低(约0.05)。读者可通过练习4.28计算地球的行星反照率。

练习4.12   绘制与图4.11相同的夜间大气辐射示意图。

请自行绘制夜间的大气辐射示意图。更多的大气辐射信息见图4.12。

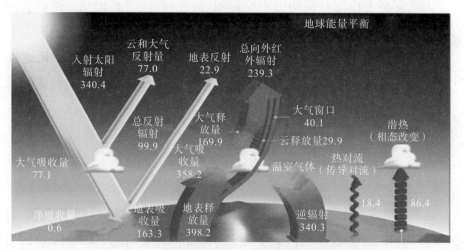

图4.12   根据十年平均的观测数据绘制的辐射平衡示意图(单位：W/m^2)

(资料来源：NASA地球辐射平衡试验项目，经NASA许可使用)

温室效应是大气、入射辐射和气温相互作用关系的重要组成部分。地表射出长波辐射后在返回宇宙前被大气吸收，从而发生显著的气候效应。由于大气层的存在，大气温度要明显高于无大气层时的温度，即所谓的温室效应。温室效应可使气温上升30℃以上[1]。

地表热通量指单位时间、单位面积地表与外界间的热交换量，用符号H表示。通常情况下，热量由地表进入大气，此时热通量为正值。可根据热通量重新定义大气稳定度(近地层)，即当：

---

[1] 实际上与温室的工作原理不同，温室主要通过输送热空气提高温度。

(1) $H>0$，不稳定；

(2) $H<0$，稳定；

(3) $H=0$，中性。

回到热通量与位温的关系，中性层结条件下气团与周围环境的空气无热量交换。同样，热量(不稳定情况下)由近地面通过辐射进入大气后气块将被加热，造成位温随着高度的增加而迅速降低；而当大气失去热量时(夜间)，位温将随高度的增加而增加，使大气趋于稳定。

为便于推导，以上内容均假设大气为中性层结状态，但实际大气很少处于中性层结状态。白天地表释放长波辐射加热大气，暖空气上升形成对流，大气变得不稳定，夜间则相反。因此，一般仅在日出或日落的短时间内大气处于中性层结状态。

当大气处于弱不稳定层结状态(大气经常处于这种状态)或风速较大时，可将大气视为中性层结状态。因此，中性层结状态的假设与实际大气状态相符。

4.9 莫宁-奥布霍夫相似理论

边界层气象学的基础为莫宁-奥布霍夫(Monin-Obukhov)相似理论。莫宁-奥布霍夫相似理论以苏联科学家莫宁(Monin)和奥布霍夫(Obukhov)的名字共同命名[①]，该理论于1954年提出(Monin and Obukhov，1954)，主要用于解决近地层中的湍流问题。苏联科学的传统之一是十分重视数学的应用，因此该理论的数学表达非常优美，本节并不详细讨论该理论的具体细节。

莫宁-奥布霍夫的基本假设为近地层中动量(和热量)通量的垂直输送几乎不随高度发生变化，即为常(值)通量。

---

① 本节较为复杂，读者可根据实际情况选择阅读或略过。

科学家简介4 亚历山大·米哈伊洛维奇·奥布霍夫(Alexander Mikhailovich Obukhov)，1918~1989年，苏联物理学和应用数学家，以其在湍流统计理论和大气物理学方面的贡献闻名，是现代边界层气象学创始人之一。

近地层也称常通量层，基于这一假设，莫宁和奥布霍夫发现湍流边界层可由尺度参数表示，即莫宁-奥布霍夫长度(Monin-Obukhov length)。实际上，莫宁-奥布霍夫长度(采用L表示)由奥布霍夫于1946年提出(Obukhov，1946；1971)，但该参数对于莫宁-奥布霍夫相似理论十分重要，故通常称莫宁-奥布霍夫长度。莫宁-奥布霍夫长度能够表征湍流切应力和浮力对湍流动能的相对贡献，可采用下式计算：

$$L = -\frac{u_*^3 \overline{\theta_v}}{\kappa g (\overline{w'\theta_v'})_s} \tag{4.27}$$

科学家简介5 安德烈·谢尔盖耶维奇·莫宁(Andrei Sergeevich Monin)[1]，1921~2007年，苏联物理学、应用数学和海洋学家，以其在湍流统计理论和大气物理学领域的贡献闻名。

---

[1]图片来源：http://www.ocean.ru/eng/images/stories/publications/monin_foto.jpg，经俄罗斯 P. P. 希尔绍夫海洋研究所许可转载。

该方程相对复杂，变量包括u_*、g和κ，以及虚温θ_v和垂直速度w，下标s为地表变量。简言之，相对于风切变(u_*)的作用，L（或绝对值）是更易由浮力（含θ_v和g部分）作用产生湍流的高度。

练习4.13 L的单位是什么？

$\overline{(w'\theta_v')}_s$为垂直速度$w$随温度的变化（实际为两个量的变化，由$'$表示），因此可由此决定$L$的正负号。日间，大气主要做上升运动$(w>0)$，$L$为负；夜晚，气团做下沉运动$(w<0)$，$L$为正；日落和日出时该项为零，$L$无穷大。对于大气稳定度，存在以下关系：

(1) $L<0$，不稳定；

(2) $L=\infty$，中性；

(3) $L>0$，稳定。

由于无穷不便于数学应用，因此常用z/L代替L，从而使中性条件为零。

利用L可得稳定层结条件下的对数风廓线：

$$u(z) = \frac{u_*}{\kappa}\left[\ln\left(\frac{z}{z_0}\right) - \psi\left(\frac{z}{L}\right)\right] \tag{4.28}$$

上式以z/L代替了L。ψ函数一般较少涉及，本书作者的博士学位论文中给出了ψ函数的部分版本（Landberg，1993）。目前使用较为广泛的ψ函数是布辛格-戴尔（Businger-Dyer）风廓线函数（Dyer，1974；Garratt，1992；Businger，1988），即

$$\psi = \begin{cases} -5\dfrac{z}{L} & , \ z/L>0 \quad (\text{稳定}) \\ 0 & , \ z/L=0 \quad (\text{中性}) \\ 2\ln\left(\dfrac{1+x}{2}\right) + \ln\left(\dfrac{1+x^2}{2}\right) - 2\tan^{-1}(x) + \dfrac{\pi}{2}, \ x=\left(1-16\dfrac{z}{L}\right)^{1/4} & , \ z/L<0 \quad (\text{不稳定}) \end{cases}$$

$$\tag{4.29}$$

尽管式(4.29)中不稳定层结条件下的ψ函数较为复杂，但该方程的作用在于仅用一个方程即可描述不同状态下风随高度的变化。

表4.1中对大气稳定度的相关参数进行了总结。

表4.1 大气稳定性参数、判据及对应的大气状况

名称	表达式	稳定大气	中性大气	不稳定大气
气温直减率	Γ	$< \Gamma_d$	$= \Gamma_d$	$> \Gamma_d$
位温	$d\theta/dz$	>0	$=0$	<0
热通量	H	<0	$=0$	>0
莫宁-奥布霍夫长度	L	>0	$=\infty$	<0
	z/L	>0	$=0$	<0
烟流(框12)		扇形	锥形	链环形

框12 大气稳定度与烟流

烟流的扩散形状与大气稳定度有密切联系，烟流示意图是一种估算大气稳定度的简便方法。

污染气象学中对每一类稳定度条件下对应的烟流形状都进行了总结，其形状如下图所示。

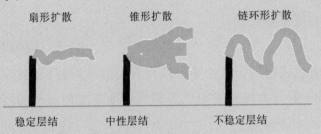

扇形扩散　　锥形扩散　　链环形扩散

稳定层结　　中性层结　　不稳定层结

如图所示，稳定状态下，烟流几乎不存在上升/下沉运动；不稳定状态下，烟流上升/下沉运动变强；中性条件下，烟流以扩散为主。

4.10　高度偏差

随着风力涡轮机高度和直径的不断增大，风力涡轮机转子(大部分而不是全部)有时(尤其是在稳定层结条件下)可能已在近地层之上。此外，由于莫宁-奥布霍夫理论(4.9节)的理论基础为假设近地层中的大气充分混合(常通量)，所以该理论仅适用于近地层。对于近地层以上的高度，则不能采用经典对数风廓线进行描述，而应使用更为复杂的理论进行求解。

此处引入Gryning等(2007)提出的风廓线理论，该理论包括两个参数：边界层高度(图2.6)及与大气边界层中部气流相关的量。

在进一步讨论之前，首先回顾风速垂直结构的影响因子。经典风廓线

公式中包括两个参数：粗糙度长度 z_0 和离地高度 z。一般而言，靠近地表的气流状态主要取决于下垫面特征，即粗糙度和离地高度 z，而在大气稳定度等公式中引入莫宁-奥布霍夫长度(并非真正意义上的长度)后，可将稳定度问题转化为长度尺度。

对于大气边界层，不仅应关注下垫面及其特征，还应从整个边界层的角度进行分析。利用边界层高度可导出包含三类参数的风速方程，而Gryning等(2007)发展的风廓线模型中也使用了上述参数。

中性层结条件下的风廓线表达式如下：

$$u(z) = \frac{u_*}{\kappa}\left[\ln\left(\frac{z}{z_0}\right) + \frac{z}{L_{\mathrm{MBL},N}} - \frac{z}{z_i}\left(\frac{z}{2L_{\mathrm{MBL},N}}\right)\right] \tag{4.30}$$

式中，u、u_*、κ、z 为常用变量；z_i 为边界层高度(图2.6)；$L_{\mathrm{MBL},N}$ 为边界层中部的特征长度尺度。

式(4.30)可看作经典对数风廓线的扩展。因此，方程中许多项与经典风廓线的表达式相同，其中第一项代表对数风廓线，第二项和第三项中通过 $L_{\mathrm{MBL},N}$ 和 z_i 表示高度z。若第二项和第三项中的任意一项较大(无穷大为极端假设)，则其贡献就越小(无穷大条件下为零)，此时方程退化为经典对数风廓线的表达式。

4.11   与地转拖曳定律的联系

回到2.3.3节中给出的地转拖曳定律：

$$G = \frac{u_*}{\kappa}\sqrt{\left[\ln\left(\frac{u_*}{fz_0}\right) - A\right]^2 + B^2} \tag{4.31}$$

式中，G 为高空地转风；摩擦速度 u_* 与地表气流有关。该方程表明通过求解与 u_* 相关的地转拖曳定律即可得到高空风与地面风之间的联系。对该方程解析解的求解较为困难，但计算其数值解相对容易。

练习4.14   设地转风为15m/s，粗糙度 z_0 =0.05m，求50°N、50m高度处的风速大小(已知$A = 1.8$和B=4.5)。

图4.13为地转风与地面风速关系的示意图（z_0、z和纬度为常数）。由图可知，$u(50\text{m})=97$ m/s。

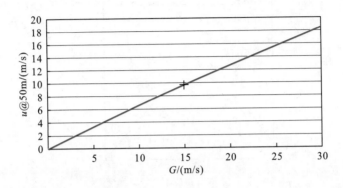

图4.13 55°N处、高度为50 m、粗糙度为0.05 m条件下地转风G与地面风速u之间关系的示意图

(符号+表示练习4.14的答案。如图所示，二者之间的关系非常接近于线性关系)

练习4.15 回到练习4.2，解释u_*必须不同的原因。

该练习涉及一个非常重要的问题，因此须先行给出答案，建议读者可先行思考。u_*值之所以不同，这是地转风 G 保持不变所必需的，因此能够更加真实地再现类似条件下（即相同的"天气"）粗糙度变化对高空风的影响。

4.12 地形、障碍物和热对流对风廓线的影响

通常情况下，到达气象桅杆的风并非从下垫面均匀且平坦的地区吹来，实际上气流流经的下垫面通常十分复杂。如图4.14所示，任何因素都可对风廓线产生影响，包括丘陵和山谷对风速的加速/减速效应、粗糙度变化、位移高度、障碍物引起的气流变化、大气稳定性及多种热力驱动气流等。因此，在理论推导中为简化问题而采取的一些假设在许多情况下都不适用。

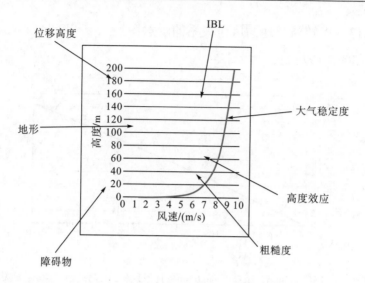

图4.14 影响对数风廓线的因子

(本章仅涉及部分因子，局地气流的影响见第5章)

分析风廓线前应详细了解风电场附近的气流分布，相关内容将在第5章中进行讨论。许多情况下，尤其是在进行数值模拟时，为提高模拟的准确性，应确保采用的数值模式中详细考虑了各类影响因子。

4.13 风 向 廓 线

根据定义(常通量假设)，近地层中的风向几乎不随高度改变。因此有

$$\theta^{d}(z) = \theta_{0}^{d} \tag{4.32}$$

式中，$\theta^{d}(z)$ 为高度z处的风矢量方向；θ_{0}^{d} 为地表风向。

如2.3.3节所述，埃克曼层中的风向呈螺线分布(至少理论上)，风向将发生很大变化。

4.14 小 结

本章讨论了风速(对风向仅进行了有限讨论)随高度的变化。从边界层气象学中最基本的方程之一——对数风廓线开始，在考虑复杂影响因素的基础上，介绍了风速的垂直变化规律。首先，引入了位移高度(典型例子为森林

上空风的变化），然后研究了地表粗糙度变化引起的内边界层；同时，阐述了大气稳定度。大气稳定度是本章的重要内容，也是其余章节的主要部分。对于较高高度上的大气（基本位于近地层以上），本章分析了其垂直风廓线与对数风廓线的差异。最后，介绍了地转风与地表风之间的关系。此外，本章还介绍了另一种描述对数风廓线的方法——幂指数定律。

如4.12节所述，读者通过本章能够了解风廓线实质上是代表了一定区域内大气运动的总体特征。人们经常会发现一些情况下实际风廓线与经典风廓线理论的计算结果相当吻合，但在很多情况下存在明显差异也属正常现象。读者可综合本章、第3章和第8章加深对风廓线的理解。

练 习

4.16 已知测风仪可在三个高度上进行观测 $[30\text{m}(6.26\text{m/s})$、$75\text{m}(7.41\text{m/s})$ 和 $120\text{m}(8.00\text{m/s})]$，假设风廓线遵循对数规律，试求粗糙度和摩擦速度。

4.17 使用练习4.16中75m和120 m高度的风速值计算 α。

4.18 根据练习4.17中的 α，利用120 m高度风速计算30m高度风速。

4.19 回答Leipzig风廓线在100m以上开始偏离对数风廓线的原因。

4.20 练习4.2中使用了何种地转风？

4.21 尽管大气能够吸收地面放射的长波辐射，但为何大气并未越来越热呢？

4.22 对森林风廓线进行观测可得以下数据（$h:u$）：

$$50: 4.53;$$
$$80: 5.76;$$
$$100: 5.98。$$

试根据相关数据计算 z_0、u_* 和 d。

4.23 已知风由海洋吹向陆地，试根据下列数据绘制由海岸线导致的内边界层风廓线。水面：$u_{*1} = 0.2\text{m/s}$，$z_{01} = 0.0002\text{m}$；陆面：$u_{*1} = 0.35\text{m/s}$，$z_{01} = 0.2\text{m}$，$h=280\text{m}$。

4.24　设粗糙度为0.05m，求内陆2500m处的内边界层高度。

4.25　已知两组不同高度处的位温数据：

40m：288K；

100m：287K。

请计算Γ的大小，并回答此时大气为稳定、中性还是不稳定层结。若大气为中性层结，试求100m高度的位温。

4.26　已知$u_*=0.4\,(m/s)$，$u_0=0.15\,(m/s)$，$L=250\,(m)$，计算稳定层结下的风廓线，并说明该风廓线与中性层结条件下风廓线的区别（即假设为中性大气）。

4.27　假设$u_*=0.4\,(m/s)$，$u_0=0.15\,(m/s)$，$L=-250\,(m)$，计算不稳定层结条件的风廓线，并与中性层结条件下的风廓线进行对比（即假设为中性大气）。

4.28　根据图4.12计算地球反照率。

4.29　若地球不存在大气层（无温室效应），气温应为多少？

4.30　令地转风为12m/s，粗糙度$z_0=0.75m$，求60°N处100m高度的风速。（已知$A=1.8$和$B=4.5$。）

第5章　局 地 气 流

　　长期以来，风电从业人员一直希望研发出模拟精确度高、运算速度快，且能够对各种尺度(行星、天气、中尺度和微尺度)的大气运动进行模拟和分析的"理想"数值模式，其原因为数值模式是研究风资源的重要工具之一。根据风电场所处的地理位置，在模式中输入模拟所必需的数据后即可获得分辨率高且较准确的大气运动模拟结果。数值模式既能够确定风力发电机组的最佳安装位置，也可用于估算风资源的长期变化趋势，可为经济和技术决策提供参考。

　　事实上并不存在完美的理想模式，多数模式的模拟效果仍有待改进，即便许多情况下已对研究问题进行了简化和假设，但模式的模拟结果和运行时间仍不能较好地满足行业需求，这也促使科研人员不断研发新的数值模式以提高对不同尺度大气运动的模拟能力。正如第2章所述，任意空间点的气流状况实质上是所有尺度上大气运动的综合体现，从电力生产的角度来看，风电场的选址主要取决于当地的风力状况。因此，本章主要介绍用于描述微尺度局地气流的数学模式，并分析各种影响局地气流的因子。根据表2.2中大气运动尺度的分类，本章主要讨论微尺度大气运动。

　　练习5.1　微尺度大气运动的特征长度和时间尺度是什么？

　　为与实际大气相符合，可采用微尺度大气模式对微尺度大气运动进行模拟，但模拟过程存在较大难度。为实现微尺度大气的数值模拟，需分别对影响微尺度气流的各种因子和效应进行模拟，以加深对微观流场的理解。下面将逐一介绍每一类影响因子，首先介绍影响因子或效应的定义，然后引入用于模拟影响效应的各种简单或复杂的数值模式。

5.1　局 地 效 应

　　根据《欧洲风能图集》(Troen and Petersen，1989)，影响局地尺度气流的因子包括：

- 地形强迫
- 粗糙度
- 障碍物

以上影响因子对其具有重要影响，此外还有另一类影响因子：

- 热力驱动气流

热力驱动气流一般无法产生强风，但也难以对其进行准确模拟。在许多情况下，热力驱动气流能够在很大程度上改变风电场周边地区的大气运动状况。正是由于热力驱动气流的存在，科学家才能够更为完整地了解微尺度大气的运动状态。

下面将详细介绍各种类型的气流。首先假设气流间是相互独立的，该假设适用于对简单模式的模拟，但是随着模式复杂程度的增加，这种人为假设的独立性开始减弱，手工计算也仅适用于最简单的模式，因此本章习题比其余章节有所减少。

5.2 地 形 强 迫

在研究地形的强迫效应之前，应了解这样一个事实：气流遇地形阻挡后，其运动会因地形的强迫作用而发生改变！尽管这是一个较为笼统的表述，甚至在部分条件下并不成立，但了解这一事实有助于避免一些认识方面的误区。为深入理解地形的强迫作用，本节将从最为简单的流体公式开始进行讲述，即伯努利方程。

即便从未见过风电场，也能够意识到风力发电机可建造于山顶，这与地形的强迫作用密不可分。地形强迫是大气科学学科中的术语，其定义为气流随地形(更为准确地表达为地形的高度变化)以特定的方式发生改变。当气流通过丘陵和山谷时，地形强迫表现为山峰使气流加速，山谷使气流加速或减缓。

若采用基于观察水流运动的方式分析气流的运动，如水流、河流、管道及类似的流体，那么伯努利方程的作用和意义则非常明显。例如，河流面积减小后，水流速度将增大。然而，大气运动的变化可能并不十分明显，其原因为通常对大气的经验性认识是大气具有可压缩性，即当大气受到力的作用后会产生辐合/辐散，而非像水一样形成流动。需要指出的是空气在大气运动的各种尺度上为不可压缩的流体，即所谓的滞弹性约束，因此伯努利方程可用于讨论气流的运动。

伯努利方程可表示为

$$A_1 u_1 = A_2 u_2 \tag{5.1}$$

式中，A_i 为流管横截面的面积；u_i 为位置 i 处的流体速度。流管是一个假想的结构体，为便于理解，可假设其能够对空气中运动的质点进行追踪，其追踪轨迹即为流线，多根流线束即可组成流管。流管的特点为所有质点均位于管道内（图5.1）。

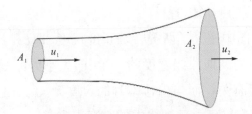

图5.1　流管和伯努利方程示意图

科学家简介6　丹尼尔·伯努利（Daniel Bernoulli）[①]，1700～1782年，荷兰数学家，出身于著名的数学家家族。他的主要贡献是将数学广泛应用于力学，特别是在流体力学中，他同时在概率和统计领域做出了许多开创性工作。他的大部分工作在瑞士完成。

[①]图片来源：Johann Jakob Haid 提供，https://commons.wikimedia.org/wiki/File:Daniel_Bernoulli_001.jpg。

已知流经山顶的流线及由流线组成的流管,那么根据伯努利方程可知,当空气流经山脉时,在山脉的地形强迫作用下流线将被压缩(即A变小),风速u相应增大。因此,山顶处的风速增大,故风力涡轮机一般安装于山顶,而非山谷之中。

练习5.2　计算流管面积减少10%后流管内的流动速度。

练习5.3　当空气流经过山谷时,流线将发生怎样的变化?

5.2.1　分析模式

了解山丘和山峰对气流的加速及减速原理之后,可构建一个略复杂的模式。该模式针对单一二维山体(即从三维空间侧向延伸至二维)开发,形状类似于高斯曲线(即钟形山脊)[①]。

如图5.2所示,图中定义了两类特征长度尺度,即L和ℓ。L为山体的"特征尺度",其大小为高斯曲线宽度的一半(即大小为曲线宽度最大值的一半)。ℓ与山峰气流有关,而与山体本身的尺度无关,ℓ定义为山峰加速效应开始减小时的高度,可由风廓线中的突变点来表示。

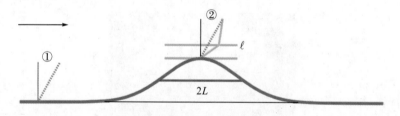

图 5.2　气流流经山体的示意图

[风自左向右运动,位置 1 为观测到的未受影响的风廓线,称为上游风廓线(虚线)。注意,风廓线在对数坐标系中绘制得到。在山顶(位置 2)再次绘制风廓线(实线),并与上游风廓线(虚线)进行比较。山体使气流总体加速,最大速度在ℓ处。山体半宽用L表示。此图未按比例绘制]

该模式似乎较为复杂,但由于假设了高斯状山体的存在,故可用以下方程估算最大加速、ΔS和ℓ:

$$\Delta S \approx \frac{2\ell}{L} \tag{5.2}$$

[①]该部分源于围绕 Askervein 山地实验的相关工作(Taylor 和 Teunissen,1987)、《欧洲风地图集》及其前期研究(Jensen et a.,1984)。

和

$$\ell \approx 0.3z_0\left(\frac{L}{z_0}\right)^{0.67} \tag{5.3}$$

式中，z_0 为粗糙度。以上公式表明，只要通过测量获取山体的大小，即可计算出气流的基本特征。

该模式还可解释气流的另一个性质，即当气流处于2L高度时，山体的加速效应完全消失(该结论并不完全准确，此时加速效应很小，因此可视为近似)。请通过练习5.4加深对该理论的理解。

练习5.4　假设一座山体可用高斯函数进行近似。山体高为250m，半宽为500m，表面粗糙度为0.1m，请绘制山体形状，并求出气流通过山体时的最大速度、最大速度发生的高度及加速效应消失时的高度。

图5.3即为山体轮廓，为计算最大速度，应首先计算ℓ：

$$\ell \approx 0.3z_0\left(\frac{L}{z_0}\right)^{0.67} = 0.3 \times 0.1\left(\frac{500}{0.1}\right)^{0.67} = 9.0\text{m} \tag{5.4}$$

可见，气流速度在离地面不远的9m处达到最大，进一步根据ℓ计算ΔS，可得

$$\Delta S = 2\frac{\ell}{L} = 2\frac{9.0}{500} = 0.04 \tag{5.5}$$

表明最大加速为4%，尽管尚未减小为零，但实际意味着加速效应已经消失。进一步分析可知，在2×500=1000m时，山体的加速效应完全消失。

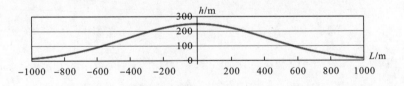

图5.3　练习5.4中的高斯山体

除风速外，风向也受地形的影响，但二者间的关系难以通过简单的关系式来描述(框13)。下面将介绍两个关于风向的基本事实：一是气流如何在山顶及周围流动，二是大气稳定度对气流的影响。

框13　质量守恒模式

　　质量守恒模式的准确性不高且较为复杂，因此在业务上的应用较少，但当要求快速且仅需大致估算结果时，该模型具有一定优势。

　　质量守恒模式可根据观测结果来计算风场，观测精确度越高，模型效果就越佳。考虑地形、粗糙度和观测值(风速和风向，某些情况下还包括温度)，并假设质量守恒，则可得到整个区域的风场特征。由于仅考虑质量守恒而忽略了动力学观测，故该模式的精确度有限，但优点是计算速度快。

　　该模式的基本方程为质量守恒方程，因此也称连续方程：

$$\frac{\partial \rho}{\partial t} + \nabla (\rho \cdot \vec{V}) = 0$$

对不可压流体(密度为常数，即 $\rho = \mathrm{const}$)，可有

$$\nabla \vec{V} = \frac{\partial u}{\partial x} + \frac{\partial v}{\partial y} + \frac{\partial w}{\partial z} = 0$$

解上述方程，即可得风场特征。

　　图5.4给出了中性和稳定两种稳定度条件下的气流运动示意图。中性层结下，气流主要表现为绕山而行，但方向没有明显的变化；而稳定层结下，气流在上游被"推开"，被迫进行绕山流动。

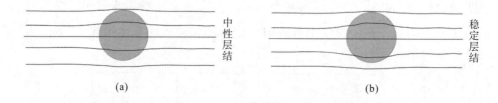

(a)　　　　　　　　　　　　　　　　　　　　(b)

图5.4　不同稳定度条件下的气流运动示意图：(a)中性层结下的流线；(b)稳定层结下的流线

(尽管并不十分明显，但稳定层结下的绕流比中性层结下更为明显)

5.2.2　简单地形条件下的附着气流

　　随着模拟复杂性的不断增加，一些简单的流体方程已无法很好地解释实际问题，此时应采用数值方法来求解大气运动方程(框14)。

框14 Navier-Stokes方程

已知不可压缩流体的Navier-Stokes方程：

$$\frac{\partial \vec{V}}{\partial t} + \vec{V}\left(\nabla \vec{V}\right) = -\frac{1}{\rho}\nabla P + \nu \nabla^2 \vec{V} + \frac{1}{\rho}\vec{F}$$

该方程为大气运动方程，等号左边为加速度，等号右边为作用力。方程左侧的对流项可用于计算气块的加速度和对流，同时即便对数学运算符号不熟悉，也可发现第二项为非线性项：$\vec{V}(\nabla \nu)$，这使得对Navier-Stokes方程的求解异常困难。方程右边由三部分组成，分别为气压梯度力、黏性扩散项和其他力(如重力)。第二项黏性扩散项表示动量的扩散，即动量在流体中的传输速度。ν为黏滞系数，由动力黏度μ除以密度ρ得到。

该方程表明大气运动满足牛顿第二定律并保持动量守恒。完整的Navier-Stokes方程由两个方程组成，一个方程代表质量守恒，这在框13中已给出；另一个方程代表能量守恒。需注意，若不进行方程简化，则Navier-Stokes方程无法求得解析解，因此唯一行之有效的计算工具是一种称为计算流体力学(CFD)代码的模型。

下面介绍的模式能够模拟所谓的附着流。模拟附着流最为简便的方法是假设造成附着气流的地形类型为仅存在极小起伏的平坦地形，但实际这种地形几乎不存在。即便如此，研究平坦地形的影响仍具有重要意义，因为可利用该假设开展多种地形气流效应的近似模拟。附着气流意味着气流将伴随地形的变化而运动，但气流与地表之间并未明显分离(参见5.2.3节)。由于气流附着于地表之上，因此模拟时可忽略气流的起伏以简化计算并提高效率。

附着气流可采用线性化模式进行模拟，"线性"指将Navier-Stokes方程(框14)中的非线性项转化为线性化的近似表达式。当然，线性化的简化过程会严重限制模式的应用范围。因此，进行模拟时首先应对地形进行细致分析，然后再判断线性化模型可否适用，得到模拟结果后还应进一步考虑相关限制因素。

经典的线性化气流模式包括Jackson-Hunt模型(Jackson and Hunt，1975)。目前的流体计算软件包中已集成有线性化气流模式，使用最为广泛的是

WAsP模式(Mortensen et al，2007)①，其余版本的模式包括MS3DJH(Salmon and Walmsley，1986)模式和类似代码。

5.2.3　复杂地形下的气流分离

随着地形陡峭度的提升，气流在地形的强迫下将产生分离现象(框15)。气流的分离过程与二进制类似，在某一点上气流仍为附着状态，一旦山体的陡峭度发生极小程度的改变，气流将发生分离。如图5.5所示，分离气流意味着地表附近的流线不再伴随地形。不仅如此，气流被分离后还将形成分离气泡，此时地表附近气流的运动方向与气流的总体运动方向相反。

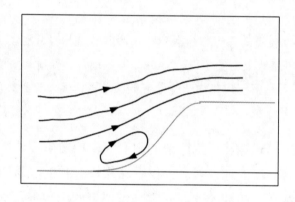

图5.5　陡崖引起的气流分离示意图

图5.5清晰地展示了由复杂地形引起的气流分离。通过视频展示气流分离现象的效果更佳，读者可自行在互联网上搜索相关视频。

练习5.5　搜索气流分离的视频。

通过视频或动画能够更好地认知气流分离，并了解气流发生分离的条件。就风速而言，若气流未发生分离，流线的压缩程度则要小许多。

练习5.6　降低气流的可压性意味着什么？

流线的压缩程度越低，气流的流速越慢，风速也相对越低。分离气流气泡内部的情况则更为复杂。分离气泡也称为再循环气泡(位于再循环区中)，此时气流的运动方向相反，流管的概念将不再适用。

---

①作者曾深度参与该项目。

框15　气　流　分　离

模拟气流分离时需注意的重要问题是气流在何种地形陡峭度下开始分离? 该问题可根据直接观测、风洞和其他观测结果进行解答。近期, 一些先进流体模型(5.2.4节)也被应用于该问题的研究中。一般认为气流产生分离的时间在爬坡(迎风侧)和下坡(背风侧)时有所差异。爬坡时气流分离所需的倾斜度比背风面大许多。一些研究认为爬坡/下坡的陡度可高达0.92(Ferreira et al, 1995), 但也有研究指出几乎没有观察到任何气流分离的现象。Wood(1995)发展了一个仅取决于山体大小和粗糙度的气流分离计算式, 并指出爬坡/下坡的陡度达到约0.3时将发生气流分离。

经典线性模式在计算气流分离时存在一定的缺陷, 即无论地形陡峭度如何变化, 模式都将不断压缩流线, 造成模拟风速持续增强。如前面所述, 这代表了气流的加速过程, 因此经典线性模式将高估穿越陡峭山体的风速。陡峭地形通常也称为复杂地形。

目前已研发出提高模拟精确度的方法, 如粗糙度指数(Bowen and Mortensen, 1996), 它是一种基于地形坡度(地形坡度差异)修正模式的方法。该指数及一些线性化模式输出的订正方法能够有效提升模式的模拟能力, 并且在某些情况下的改进效果非常明显。

5.2.4　复杂地形下的流场模式

伴随模式性能的提高, 尤其是计算机技术的快速发展, 数值模式对复杂地形下流场的模拟能力显著提升, 但模式也日趋复杂, 用户还应深入理解模式的模拟原理, 相关信息参见8.3节。回到线性模式, 由于对Navier-Stokes方程进行了线性化处理, 因此相对简单。若不进行线性化处理, 而保留方程中的所有项, 模式将极其复杂(图5.6)。

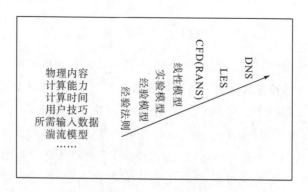

图5.6　各种流体模式

(箭头指向代表复杂性的各个维度，随模式复杂性的增加而增加)

上述模式称为计算流体动力学(CFD)模式，该表述可能并不十分严谨，因为线性化模式也可用于计算流体的动力学特征，但二者的复杂程度差异极大。风能及多数领域中的CFD模式是指更为先进的各类复杂模式，尤其是指雷诺平均Navier-Stokes(RANS)模式(见6.2节和框14)。

复杂模式的另一个特点是其模拟主要基于湍流闭合方案(事实上这也是一种简化)，采用湍流闭合方案能够更为准确地模拟大气湍流的特征。更多信息可参见框16。

框16　湍 流 闭 合(了解内容)

由于湍流的模拟是气流的分离过程和分离气流模拟的重要部分。第6章将详细讨论大气的湍流特性。因此，此处将简要介绍湍流闭合方案，详细信息参见框18。

如Navier-Stokes方程(框14)所示，对对流项

$$u \cdot \nabla u$$

进行雷诺平均后(6.2节)，可将其记为气流中湍流项的乘积：

$$u'v'$$

$u'v'$为非线性项，这意味着数学求解存在困难。湍流闭合方案的作用是将u'等非线性项与平均量$\bar{u}$联系起来，从而"闭合"这一问题。湍流闭合通过湍流黏度来实现，该量又与普朗特混合长有关。

实际中有各种闭合方案，复杂程度也各不相同，此处给出两种方案：

· $\kappa\text{-}\varepsilon$ 方程模型

· 最复杂的经典模型——雷诺应力方程模型

由图5.6可知还存在两类更为先进，但对计算条件要求更高的数值模式：大涡模拟(LES，顾名思义，以数值和显式的方式解析尺度最大的涡流)和直接数值模拟(DNS)模式。这两类模式主要用于解决湍流模拟等难题。例如，框16中介绍的湍流闭合问题是复杂模式中最迫切需要改进的部分。本节不对LES和DNS模式进行详细讨论，但鉴于两类模式能够较为真实地模拟出大气流场，此处仍将给出一个示例：LES模式模拟的波伦德半岛的大气运动特征(图5.7)。如图所示，其模拟结果具有较高的空间分辨率。

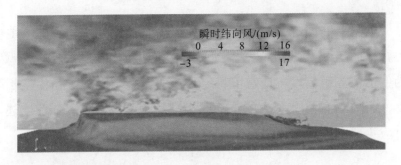

图5.7 LES模式模拟的波伦德半岛上空的大气运动(详见Diebold et al，2013)

(图片来源：©DTU Wind，Denmark，经DTU Wind，Denmark许可使用)

本节结束前，读者还应深入思考数值模拟所涉及的各种问题，包括模式是否适用、使用哪种模式(包括版本等)、使用哪些参数，以及分辨率和时间步长如何设置等。

5.3 粗 糙 度

粗糙度及其对局地气流的影响是大多数数值模式，甚至是一些简单模式的重要组成部分。回顾第4章讨论的垂直风廓线和内边界层可知，粗糙度是影响风廓线和内边界层的重要因子，同时粗糙度对局地气流也存在重要影响。实际中，可仅分析粗糙度及其对局地气流的效应即可大致了解局地气流的各种性质。这也意味着在分析粗糙度的影响时无须使用其他模式。粗糙度在局地气流效应模式中不可替代的作用，因此合理估算粗糙度非常重要。

练习5.7　给出对数风廓线的表达式，并分析与粗糙度的关系。

练习5.8　假设某风电场的地表粗糙度在3～10cm，已知30m高度的风速观测数据，请估算轮毂高度（100m）的风速值。若平均风速为7.5m/s，试求这两种粗糙度下轮毂高度的风速大小？

通过分析可以发现，不同粗糙度条件下轮毂高度的风速存在较大跨度（从8.8～9.3m/s或6%）。这也验证了一个事实，即粗糙度对其的影响非常明显。可见，粗糙度对于风资源的开发利用尤为重要（风功率正比于风速的立方）。

另一个重要的问题是应区分地形和粗糙度。例如，崎岖的山地可能比平原上森林的粗糙度小。因此，估计粗糙度应采用地表类型作为计算依据。

为便于估算粗糙度，通常可特定下垫面类型与对应的粗糙度相联系。表5.1为《欧洲风能图集》中的下垫面类型和粗糙度分类。如前所述，计算风速时应主要考虑地表粗糙度的影响，而非主要考虑地形条件。

表5.1　根据《欧洲风能图集》中的部分下垫面类型与粗糙度间的联系(Troen and Petersen, 1989)

下垫面类型	水	雪	草	农田	森林	城市
粗糙度/m	2×10^{-4}	10^{-3}	0.03	0.1	0.8	1.0

表5.1给出了部分下垫面类型的粗糙度大小，但表中并未涵盖所有类型的下垫面，因此需对粗糙度进行插值以便在查表无果的情况下得到相对准确的粗糙度估计值。应强调的是，粗糙度的估计值通常具有较大的主观性，而估值的主观性将对风功率的准确计算产生较大影响。通常情况下，可根据卫星资料、航拍图片或现场照片辅助进行粗糙度的估算。

练习5.9　如何计算面积无限大、同类型且均匀分布的下垫面的粗糙度？

从表5.1可知，水体粗糙度为2×10^{-4}m，该估计值从气候角度而言较为合理。然而，若希望得到不同水域的实际粗糙度，如海面在处于平静和暴风雨的不同情况下，则应将粗糙度与风速相联系，一般可采用 u_* 表示。Charnock（1955）发展了水体粗糙度的表达式：

$$z_0^w = a_c u_*^2 / g \tag{5.6}$$

式中，$a_c \approx 0015$；u_* 为摩擦速度；$g=9.81\text{m/s}^2$ 为重力常数。该方程在 $u_* > 3\,\text{m/s}$ 时适用。同时，由上式可知，与预期相符，摩擦速度越大，粗糙度越大。

粗糙度计算中还应注意粗糙度也存在季节变化！如同一块农田在冬季覆盖积雪、夏季种植谷物及秋季收割后的粗糙度应具有明显的季节差异。

因此，仅根据现场照片（通常只是某一季节的照片）来估算粗糙度显然不够准确。首先，应明确估算粗糙度的目的，若用于长期气候估计，则可以忽略季节变化，仅计算粗糙度的多年平均即可。但风电工程非常复杂，且通常还具有一定主观性，由此可带来更大的不确定性。

练习5.10 估算以下三种覆盖情况下的农田粗糙度：积雪覆盖、种植玉米和完成收割。

5.4 障 碍 物

障碍物通常指建筑或防护带。障碍物会降低风速，增强湍流，在顺风时尤为明显。越接近障碍物，风速降低越明显。同时，距离障碍物越近气流越复杂，反之亦然。此外，障碍物前方的风速将减弱，但减弱区域的范围较小，而多数简化模式中并未考虑这一问题。

对障碍物周围气流运动的模拟一直是流体力学研究的重点。部分气流的观测数据来自机场和灯塔，此时气流将受到障碍物的剧烈影响，如观测仪器附近的房屋和机库。因此，了解障碍物对气流的影响尤为重要。随着风电场积累的时段增长，无障碍物影响的高层风速观测资料随之增多，那么越障碍物气流模拟的重要性逐渐降低。然而，由于近年来风力涡轮机开始大量修建，有时整个风电场修建在港口和工业区，甚至建造在城市周边地区（图5.8），因此风力涡轮机附近的气流将受到障碍物的严重影响。

图5.8 安装于工业/住宅区的风力涡轮机

(几乎所有方向上的气流均受到障碍物的影响。图片来源：©Landberg，2014)

实际工程中，可采用一种简单实用的方法来估算障碍物对气流的影响，即利用障碍物的高度估算其影响范围的大小和高度。

练习5.11 假设气流受高度为5m障碍物(如一栋房屋)的影响，已知风力涡轮机的高度为50m，距障碍物约600m，那么风力涡轮机到障碍物的距离应为障碍物高度的多少倍？风力涡轮机的高度应为障碍物高度的多少倍？

由于障碍物高度为5m，可认为新标尺为5m，因此600m可转换为600/5=120，即120倍的障碍物高度；50m转换为50/5=10，代表10倍的障碍物高度。

了解障碍物高度估算理论后，可给出评估障碍物对风速影响的表达式。本节给出Perera(1981)提出的理论：

$$\tilde{u} = 9.75(1-P)\cdot\eta\cdot\frac{h}{x}\cdot\exp(-0.67\eta^{1.5}) \tag{5.7}$$

式中，$\tilde{u}$为风速衰减；P为孔隙度，即障碍物的开放(多孔)程度，$P=0$为固体，$P=1$为稀薄空气；η为一个取决于z、h和z_0(严格意义上应为位移高度)的变量；h为障碍物的高度。

在已知障碍物高度的情况下即可将所有障碍物纳入方程进行计算。该理论或许过于简单，但由图5.9可知，障碍物的影响十分明显，障碍物正后方风速的减少量可达50%以上，甚至在较远距离(如30个障碍物高度)和较高高度(两个障碍物高度)上，风速的减少量仍可达到15%。

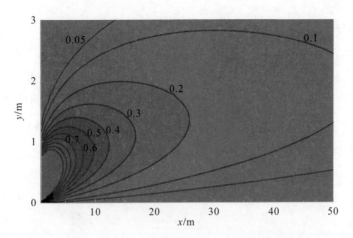

图5.9　高度为h的障碍物导致风速减小的比例

（沿x轴为距离障碍物的范围，y轴为离地高度，均采用h表示，等值线表示风速的减小程度）

此外，由障碍物的多孔性可知，粗糙度与多孔性的关系在这里也将出现主观性和季节变化。人们很难直接从照片或描述中测量多孔性，此时就引入了主观性。若障碍物为一排树木，那么树木的生长随季节变化，因此导致多孔性产生变化。若障碍物为建筑物，则不存在主观性，也没有季节变化。

5.5　热力环流

如本章引言所述，通常热力环流并不包括于局地效应中。然而，研究热力环流可以更加清晰地知道究竟哪些大气现象将影响局地气流。产生热力环流的因素包括（相对）暖空气上升和（相对）冷空气下沉，以及低密度空气上升和高密度空气下沉。实际上还应对二者进行区分，因为除温差外，空气也可能因其他原因而导致密度增大。

以下为两类典型的热力环流：

- 海陆风
- 山谷风

5.5.1　海陆风

海风产生于海岸线附近，原因为日间陆地升温比海洋快。

练习5.12　陆地升温比海洋快的原因是什么？

原因为水的比热容远高于陆地。比热容是衡量物体温度升高1℃所需热量的物理量。水的比热容是4186 J/kg，而土壤的比热容仅为800 J/kg，二者相差超过5倍。当太阳直射时，土壤的升温速度更快。更热的地表将导致陆地上空的空气上升，并在较冷的水体上空下沉。为保持平衡，将形成一个自水面流向陆地的垂直环流圈（图5.10）。因此，居住于海岸线附近的居民常感受到来自大海的微风，但风速一般仅有几米每秒。

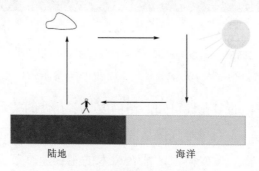

图5.10　海陆风示意图

如图5.11所示的热带岛屿可用于分析海风的影响。由于海风垂直于海岸线，因此测风塔测得的风向为西风。若风电场建于岛屿北部，则在日间风电场盛行北风，这与测风塔的观测结果（风玫瑰图）不一致，从而导致风电场选址错误。该示例的主要作用在于解释风的作用，一般情况下的实际海风通常较弱。

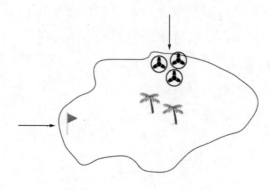

图5.11　热带岛屿海风示意图

(旗帜代表测风塔，转子代表风电场，箭头表示风向)

请思考以下问题。

练习5.13 夜间海岸线附近将发生何种现象？

尽管在夜间没有太阳直射，但由于比热容的差异，陆地的冷却速度比水体快，这意味着空气将在相对较冷的陆地上空下沉，而在洋面表现为上升气流，但此时风力同样很弱，难以利用。

5.5.2 山谷风

本节讨论的第二类热力环流为山谷风。图5.12为谷风示意图。山体一侧的空气被加热（相对于周围环境）后将产生上升气流，对应暖空气上升；空气冷却时（远离地表加热），暖空气开始下沉，最终形成完整的闭合环流圈。

图5.12 谷风示意图

（太阳直射加热山体附近的空气，空气受热后形成环流。空气在上升过程中水汽凝结，并在气流上方形成云）

图5.13为常发生于夜间的山风（katabatic winds，下坡风）示意图。当大气产生向下的逆辐射时，山顶气团开始冷却，由于冷空气的密度更大，因此冷空气开始做下沉运动，随着夜间气温的不断降低，冷气团的密度持续增加，下沉运动不断增强，在某些情况下还将形成大风。

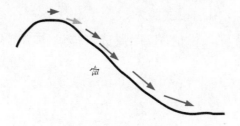

图5.13 山风示意图

（当暖空气被（相对）较冷的下垫面冷却后，空气变得越来越重而引起其加速下坡）

　　由于谷风的风力和其巨大的破坏性，许多地区的谷风都以地名进行命名，如圣安娜风(美国加利福尼亚州强烈且干燥的下坡风)、皮特拉克风(格陵兰岛，意为"袭击你"，风速可达50～80m/s)、钦诺克风和福恩风(下坡风，气团干燥温暖)、地中海存在的米斯特拉尔风(寒冷的西北风，风速高达25m/s)、博拉风和特拉蒙塔纳风，以及铃鹿风(日本关东平原)和威利瓦风(来自阿拉斯加沿海山区冰雪地带寒冷而稠密的空气)。这些谷风对风资源的影响十分有限，但是增加对山谷风的理解能够帮助从业人员解释当地存在的大风现象，否则有可能无法合理解释和理解风力发电机将要遭遇的一些极端风况的形成原因。

　　简化模式难以准确模拟热力环流，因此工作中通常需要较为复杂的模式，下面将简要介绍与之有关的中尺度数值模式。

　　练习5.14　中尺度系统的时间和空间尺度是什么？

　　中尺度数值模式不仅能够模拟地形强迫流，而且还可考虑粗糙度的影响，更为重要的是其具有模拟热力环流的能力。对热力环流的模拟主要通过在大气运动方程中考虑一些影响因子(见Navier-Stokes方程框14)，并引入新的温度方程来实现。以往有许多不同的中尺度模式用于风能模拟，但经过多年的发展，目前主要使用一个模式，即天气研究与预报(weather research and forecasting，WRF)模式(Skamarock et al，2008)。尽管该模式是由美国国家大气研究中心(National Center for Atmospheric Research，NCAR)开发，但实际上成千上万的科学家在对该模式进行持续的改进和研发，WRF模式的诸多应用也处于不断的探索之中。这当然是一个巨大的优势，但WRF模式中不可避免地仍存在各种问题，同时该模式的实际应用还处于不断的探索之中。此外，当提及WRF模式时，可能并不十分清楚所使用的模式版本、参数化方案和子模块等。因此，第8章将对该模式进行深入讨论，以确保读者能够正确理解模式所模拟结果的意义。

5.6　稳定度的影响

如第4章所述，许多模式都假设大气是中性层结。尽管中性层结的假设极大地简化了计算过程，同时也能够获得合理的结果（当然有时也完全错误），但随着模式复杂程度的提升，忽略大气稳定度的影响显得极不合理。对于地形强迫模式，尤其是一些复杂模式（CFD/RAN模式），保证模拟的合理性的前提是，应能准确模拟大气稳定性的影响因素。在稳定度的研究中，最为困难的是对稳定气流的模拟。2015年，部分学者已在稳定气流的模拟方面进行了成功的尝试（Bleeg et al，2015）。另一示例为用于模拟内边界层的各种模式，尽管模式并不复杂，但在部分情况下考虑大气稳定度的影响也可显著提升模式的模拟能力，关于该领域的早期研究请参见Elliott（1958）。模式能够模拟热力环流的前提是必须能够模拟温度方程，即可进行对大气稳定度的模拟。因此，对本节进行总结，许多情况下中性模型完全可用于对气流的模拟。然而，部分情况下也需将稳定性考虑在内。

5.7　小　　结

本章是本书最重要的章节之一。凡是涉及风能利用，就必须对局地条件下的大气运动进行深入分析。

本章讨论了以下局地影响因子：

- 地形
- 粗糙度
- 障碍物
- 热力驱动气流

本章介绍了局地影响因子及其模拟，分析了多种数值模式的模拟能力（表5.2）。表5.2中列出了所有局地效应，给出了不同模式对各种影响因子的模拟能力。如表所示，没有一个模式可对所有影响因素进行模拟。表中符号"√"对不同模式的意义也不尽相同。对此，常用的解决方案是进行模式嵌套，即将一个模式嵌套入另一模式中，这将在第8章进行介绍。

表5.2 局地效应和不同数值模式的模拟能力

模型	地形	粗糙度	障碍物	热力驱动气流
经验法则	√	√	×	×
线性模型	√	√	√	×
CFD模型	√	√	(√)	(√)
中尺度模型	√	√	×	√

注：√表示模式能够模拟局地影响因子，(√)表示部分情况下能够模拟，×表示完全无法模拟，随着模式的发展和完善，各模式的"得分"情况也将发生变化。

练 习

5.15 简要介绍计算内边界层高度变化率的经验法则。

5.16 绘制图5.11中测风塔和风力涡轮机高度处的风玫瑰图。

5.17 计算流管面积增加15%时，流体流速的变化情况。

5.18 估计10m高障碍物将导致其后方400m、高度15m处地面风速的下降幅度。

5.19 试估算当摩擦速度 u_* 为0.6m/s时的海面粗糙度。提示：使用Charnock关系式。

5.20 估计郊区的粗糙度。

第6章 大 气 湍 流

对于能够完全或部分得到结论的物理现象可称为确定性系统（更多信息参见第8章）。湍流是一种极其复杂的物理现象，因此考虑和研究湍流问题时不应按照固定模式或思路进行分析，而应采用不同的方法来表达和分析湍流的特性。例如，可通过谱分析和经典时间序列分析方法来描述湍流的统计特性。事实上，湍流问题极为复杂，至今仍被列为"物理学中未解决的问题"（Ginzburg，2001），并与其他难题并列为7个"千禧年大奖难题"（Clay Mathematics Institute，2014）。诺贝尔奖获得者理查德费曼也将湍流列为"经典物理学中最重要的未解问题"（USA Today，2014）。

正如上面指出的，湍流是一个非常重要但又不好解释的物理现象（图6.1）。不幸的是，湍流运动基本不存在规律，可用一首诗来描述湍流的运动①：

图6.1 莱茵河上的湍流和层流

（图片来源：©Landberg，2014）

Big whorls have little whorls
That feed on their velocity,

---

①来源：©剑桥大学出版社，经剑桥大学出版社许可转载。

And little whorls have lesser whorls
And so on to viscosity.

Lewis F Richardson，1920（Richardson, 2007）

实际中，一般采用湍流能量级联过程来分析湍流问题。湍流能量级联是指将较大的涡旋（涡的另一个名称）引入系统，较大的涡旋通过运动会分解/产生出较小的涡流，然后较小的涡流进一步产生更小的涡流，直至其尺度与分子尺度相当，此时能量最终以分子运动结束，即黏度和热量。

湍流还有更科学的定义（Tennekes and Lumley，1983），在该定义中包括了湍流的许多特性，如非规则性及空间结构的三维特性。此外，应注意湍流是流体流动的特征，而并不是流体自身的特征。

从严格意义上的湍流定义出发，假设管道中的流体流动，如透明水管中的水。已知管道直径为L，流体流度为U，流体黏度为ν。此时，流体的流速将逐渐加大。起初，流动为层流，即沿着直线流动；随着速度的增加，流动仍保持层流状态，直到某一时刻其流型遭到破坏，开始出现涡旋，流体变得湍急。另一种观点认为湍流是因流体流动速度过快，而导致黏度无法保持一致形成的。

练习6.1　在互联网上搜索湍流形成的视频。

正如将在第8章及第4章中已讨论的内容，大气运动在许多方面可采用无量纲量进行表示。在流体为湍流的情况下，可采用雷诺数[①]，其定义如下：

$$Re = \frac{UL}{\nu} \tag{6.1}$$

练习6.2　确定雷诺数的单位。

根据雷诺数的定义，U为特征速度，L为流动的特征长度。

通过研究，科学家发现湍流运动发生时的雷诺数约为1000，这表明雷诺数高于临界雷诺数时为湍流运动。

练习6.3　设15℃时的黏度为$1.48\times10^{-5}\mathrm{m}^2/\mathrm{s}$，试求此时大气运动的雷诺数。

通过解答练习6.3可知，大气实际上一直处于湍流状态，这再次说明了

[①]无量纲数实际上为乔治·加布里埃尔·斯托克斯(George Gabriel Stokes)于1851年提出，多年后由雷诺(Reynolds)普及到实际应用中。

理解湍流的重要性。在讨论湍流的成因之前，可首先给出一种模拟湍流的"技巧"——泰勒假设。泰勒假设是指在满足某些条件的情况下，当湍流流经传感器时，可认为湍流流场被"冻结"，其含义为在空间上某一固定点对湍流的观测结果在统计上等同于同时段沿平均风方向上的各空间点的观测值，也称为定型湍流假设，湍流并不是真正被冻结，只是假设当湍涡发展的时间尺度大于它被平流携带经过探头所需的时间时，泰勒假设才适用(Panofsky and Dutton，1984)。

6.1　湍 流 成 因

大气中的湍流可通过以下两类机制形成：
- 机械(动力)作用
- 热力作用

机械(动力)湍流指在物体表面附近存在很强的切变(第4章)，主要原因为物体表面速度为零，之后流体速度不断增加，剪切力将导致流体"翻滚"，最终产生湍流。

理解热力湍流最为简便的方法是观察对热量产生的观测：当天空晴朗时，不同地区的地面温度略有差异，并导致暖空气上升，而这一过程相当剧烈，并产生大小不一的湍流。有时可观察到鸟类和滑翔机利用这一现象进行爬升。

可见，湍流可由两种完全不同的机制产生，而实际大气中的湍流通常是在两种机制的共同作用下形成的。

6.2　雷诺分解和平均

正如引言所提及的，采用谱分析方法对风速的时间序列进行分析是研究湍流的常用手段。以第3章中的风速-时间序列为例，更具体的应为风速的x分量随时间的变化曲线。

为确保分析时聚焦于湍流，首先应去除气流的平均值(即时间平均值)，

因为平均风速的大小并不重要，人们更关注湍流部分。这种时间序列分解的方法称为雷诺分解，数学上可写为

$$u = \bar{u} + u' \tag{6.2}$$

式中，u 为实际风速；$\bar{u}$ 为平均风速；u' 为实际风速减去平均风速，即湍流[1]。

科学家简介7　刘易斯·弗莱·理查森[2]（Lewis Fry Richardson），1881～1953年，英国数学家、物理学家、气象学家和心理学家，他是第一个尝试进行数值天气预报的人。

　　练习6.4　请为图6.2中的时间序列绘制一条平均值线，并以平均值线为参考，采用雷诺分解方法识别风的湍流部分。后续内容中当讨论时间序列时，仅指u'部分。

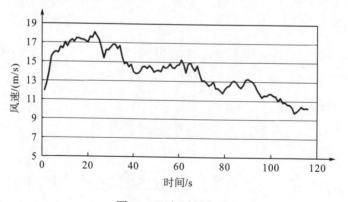

图6.2　风速-时间序列

①更深入来说，需确保时间序列不存在趋势，即时间序列是平稳的。
②图片来源：NOAA "Lewis Fry Richardson" 报告，http://commons.wikimedia.org/wiki/File:Lewis_Fry_Richardson.png#/ media/File: Lewis_Fry_Richardson.png

练习6.5　解释 u' 的物理意义。

回到框14中的Navier-Stokes方程，对方程进行雷诺分解，并对每一项进行时间平均，即可得到RANS方程，即第5章所讨论的方程。

6.3　谱

通过雷诺平均可得气流中的湍流部分。本节将介绍一种常用的湍流分析方法：谱。首先对谱进行简介，并列出部分标准谱，同时还介绍了谱的不同部分。

科学家简介8　奥斯鲍恩·雷诺(Osborne Reynolds)，1842～1912年，毕业于剑桥大学皇后学院和维多利亚曼彻斯特大学，是曼彻斯特大学工程学的教授，对流体力学发展做出了巨大贡献，他在其他领域也有诸多贡献。

6.3.1　谱与傅里叶分析

如前所述，描述和分析湍流的主要方法之一是对湍流进行谱分析。尽管谱分析在数学上较为复杂，但其核心思想非常清晰。本节将简要介绍谱分析方法。

谱是时间序列在频域上的一种表现形式。可采用傅里叶分析这一数学工具来获取频域。傅里叶分析的基本思想是假设所有时间序列都可看作由不同频率的波所组成。在风速-时间序列中，可观察到哪些频率的波？其主导地位如何？这一问题涉及复杂的计算(框17)，下面将通过一个简单示例进行说明。

框17　傅里叶分析

函数 $f(t)$ 傅里叶变换的数学表达式，$\hat{f}(\xi)$ 为

$$\hat{f}(\xi) = \int_{-\infty}^{\infty} f(t) e^{-2\pi i t \zeta} dt$$

频率 $f(\text{Hz})$ 与周期 $T(\text{s})$ 间的关系可由下式给出[①]：

$$f = \frac{1}{T} \tag{6.3}$$

频率表示波在单位时间内完成周期性变化的次数。如图6.3所示，已知整个时间序列只存在一个正弦波(从-∞到∞)，那么波的频率是多少？

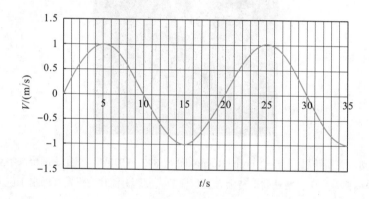

图6.3　从-∞到∞的正弦波

由图可以发现，每隔20 s存在一个波峰，这表明波动的周期为20 s。从周期与频率的关系可知：$f=1/T$，则频率为0.05($=1/20$) Hz，因此可确定构成时间序列的频率。换言之，与其绘制整个时间序列，不如使用频率空间中的某一数字进行表示。

绘制该风速时间序列的频谱可得x轴为频率，y轴为特定频率强度的曲

---

①若给出风速，记为 s，可得波长 λ，$\lambda = s/f$。

线图(图6.4)。

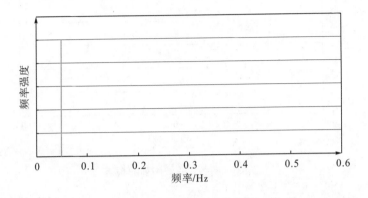

图6.4　单个正弦波频谱

若时间序列由两个正弦波叠加而成(图6.5),那么从图中可识别出哪两个频率?

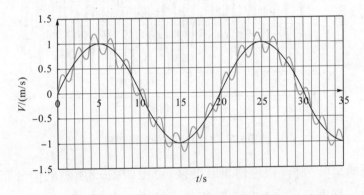

图6.5　由从−∞到∞的两个正弦波组成的时间序列图

从图6.5可以看到,频率为0.05Hz的正弦波依然存在,但在该波动上还叠加有另一个更小的波动,其波峰与波峰间的间隔为2s,说明频率为0.5(=1/2)Hz。

再次给出时间序列的原始频谱图(图6.6)。由图可见,信号由两个频率组成(注意,条形图仅表示存在某一频率,并不能表示波的重要性)。

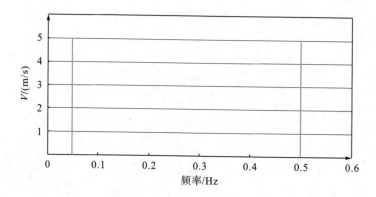

图6.6　两条正弦波序列的频谱

最后，给出一条由一系列随机数组成的时间序列（图6.7）。

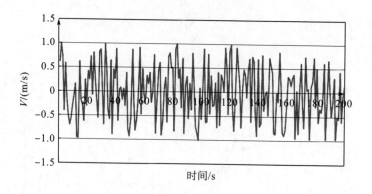

图6.7　随机数组成的时间序列

使用傅里叶分析（快速傅里叶变换）可得如图6.8所示的谱分布，这就是时间序列的频谱，通过该图可分析每一频率的强度。

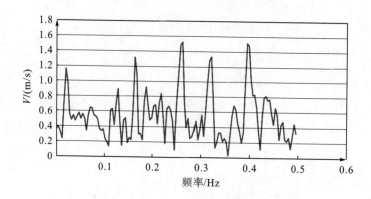

图6.8　随机数时间序列频谱图

6.3.2　标准图谱

许多学者使用了不同类型的标准图谱来代表大气中的紊流风场。事实上，对湍流的观测并非易事，尤其是为获得完整频谱在所有尺度上所进行的湍流观测则更为困难。因此，对于实际应用而言，标准谱尤为重要。

图6.9给出了标准谱示例。如图所示，各类标准谱的形状大致相同，但峰值位置略有差异，能量分布也有所不同。注意，冯卡门谱与冯卡门常数是以同一个人命名的。

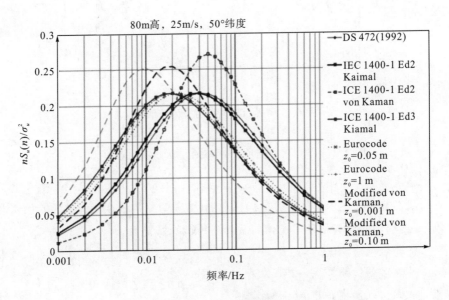

图6.9　不同类型的谱

(图片来源：Burton et al，2011，经约翰威立国际出版公司许可使用)

理查森诗句的另一种描述方式为，频谱的绘制方式意味着图谱能够清晰地表示不同频率的能量。如图6.9所示，图中所有尺度都可确定对应能量的大小。

事实上，与随机时间序列的谱特征相比，其谱线十分平滑，这表明湍流也存在有序性，这与经验看法有所不同。

由图6.10还可以发现，谱由不同的部分组成，包括：

• 含能涡旋(积分尺度)

- 惯性子域涡流，–5/3定律（泰勒微尺度）
- 耗散区（柯尔莫哥洛夫微尺度）

这些不同的尺度组成了大气谱的三大部分（框18）。

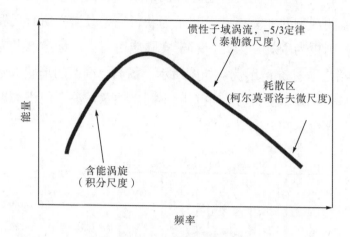

图6.10 广义谱分解（可分为三部分）

框18 涡 流 黏 度

　　湍流模拟中常用到涡流黏度这一术语，这在5.2节提及的RANS模式中尤为明显。黏度描述了流体的"黏稠程度"（蜂蜜的黏稠程度高，水的黏稠程度低），更确切的是其描述了流体的抗切变（或拉伸）能力。

　　将其转换为湍流运动，在一个比分子大得多的尺度上，可认为流体阻力通过湍涡流传输动量。

　　可利用K-理论对其进行描述：

$$\overline{u'w'} = -K\frac{\partial \overline{U}}{\partial z} \tag{6.4}$$

式中，K为涡流黏度，一般取$1\text{m}^2/\text{s}$，如练习6.3所示，$1\text{m}^2/\text{s}$是大气运动黏度的10000倍。该方程表明通量$\overline{u'w'}$与大气切变之间存在一定联系。尽管这仅为一种简化，但也具有较好的适用性，尤其是当涡流不太大时的适用性最好。

科学家简介9　让·巴普蒂斯·约瑟夫·傅里叶(Jean-Baptiste Joseph Fourier)[①]，1768～1830年，法国数学家和物理学家，以对傅里叶级数的研究闻名，傅里叶变换和傅里叶定律均以其名字命名，傅里叶也是最早发现温室效应的科学家之一。

6.4　湍流观测

　　正如第3章所述，不同时间分辨率条件下获取的观测数据存在明显差异。由于湍流运动在不同尺度上均可发生，因此为尽可能获取不同尺度上湍流运动的特征，应使用不同的仪器对大气进行观测。最常见的湍流观测仪器为3.4.4节介绍的声波风速仪。声波可将观测频率降至20 Hz，明显高于风杯的频率(通常为1Hz左右)。

　　此时可提出一个问题：多时间尺度的情况下如何进行湍流观测？频谱显示，即便将时间序列放大许多倍，仍有大量能量(或运动)存在。因此，若读者已了解分形理论，应知晓湍流的时间序列分形维数须大于1(Tijera et al, 2012)。

　　问题的答案为无须对所有微小波动都进行观测，主要观测对象应为湍流的平均值。此时，可引入湍流研究中最常用的物理量，即湍流强度TI，其定义为

$$TI = \frac{\sigma_u}{\bar{u}} \tag{6.5}$$

式中，σ_u 为风速u分量的标准差；$\bar{u}$ 为平均风速。一般认为，风速越大，

---

①图片来源：邦齐尔，https://commons.wikimedia.org/wiki/File:Fourier2.jpg。

湍流越强。当然，湍流强度并不能完全说明湍流的所有性质，因此通过平均风速可消除风速波动的影响。可见，湍流强度是一个更直接地衡量湍流强度的指标。

练习6.6　湍流强度的单位是什么？

包括杯状风速计在内的大多数仪器都能够根据观测数据估算 σ_u。同样地，研究人员也试图通过激光雷达和声雷达提取 σ_u 的信息（Sathe et al，2014），这表明尽管目前科学家们被迫将湍流（框19）视为"黑匣子"，但仍可通过一些方法对湍流的基本特征有所了解（框20）。

框19　火星湍流

作者在对火星风的研究中首次认识到在真正科学背景下发生的湍流。如前面所述，许多模式都具备分析湍流频谱的能力，但模式所用的有关湍流的理论是否具备普适性？当作者所在实验室有机会获取火星的大气观测数据时，即可验证相关理论是否也适用于宇宙中的其他行星。

使用的观测数据来自海盗号火星探测器（NASA，2015）上安装的热丝风速仪（圆圈）。对数据进行处理、模拟和分析之后，科学家得到肯定的结论（Tillman et al，1994），证实了湍流理论也适用于火星。

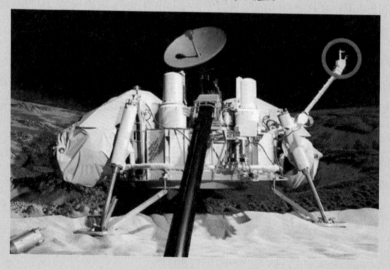

海盗号火星探测器概念图

（图片来源：NASA. http://www.nasa.gov/sites/default/files/images/585497main_PIA09703_full.jpg）

框20　有关TI和 σ_u 的一些技巧

本框将列出部分可用于估算湍流物理量的关系式，但仅适用于粗略估计，因此应谨慎使用。

第一组关系式与速度分量的标准差 σ_u 有关，如下所示：

$$\sigma_u = Au_*$$
$$\sigma_v \approx 0.75\sigma_u$$
$$\sigma_w \approx 0.5\sigma_u$$

式中，$A \approx 2$，且取决于粗糙度。

第二组关系式为湍流强度TI的表达式，湍流强度与高度和粗糙度有关：

$$TI = \frac{1}{\ln\left(\dfrac{z_0}{z}\right)}$$

6.5　湍流载荷

科学家之所以对湍流感兴趣，首先因为湍流是研究大气运动，尤其是大气边界层的重要课题。除此之外，还有一个关键因素是当湍流遇到风力涡轮机时，它被认为是一种载荷。涡轮机上的载荷意味着机器的磨损。载荷越高，磨损越严重，载荷持续时间越长，磨损也越严重。湍流对于风力涡轮机的设计非常重要，它是涡轮机设计时需要考虑的两个主要因素之一。根据IEC标准（IEC，2005），可对涡轮机进行分类（表6.1）。

表6.1　IEC分类[*]

风力涡轮机等级	I	II	III	S
V_{ref} / (m/s)	50.0	42.5	37.5	
A，I_{ref}		0.16		出厂设置
B，I_{ref}		0.14		
C，I_{ref}		0.12		

资料来源：©2005年瑞士日内瓦IEC，www.iec.ch，经IEC许可复制。

[*]IEC 61400-1，第3版。V_{ref} 为50年一遇的10 min最大平均风速，I_{ref} 为风速是15 m/s时的湍流强度期望值。给定一组用于涡轮位置的 V_{ref} 和 I_{ref} 将给出相应的IEC分类，根据涡轮机位置的 V_{ref} 和 I_{ref} 将得到对应的涡轮机IEC等级。

了解湍流对安装哪一种风力涡轮机至关重要。实际上，不仅需要了解风电场区湍流的整体情况，并且由于风电场的湍流存在较大变化，还需要了解每一座风力发电机附近的湍流。很多情况下还需要了解各个方向上湍流的变化规律。

练习6.7　思考一些地区存在较大湍流的原因。

框21中列出了风力涡轮机上的其他几类载荷。

框21　风力涡轮机上的其他载荷

风切变、定向转向、风速本身、密度、气流倾角、湍流、风机的运行方式等。

6.6　极端大风

极端大风与湍流没有明显的物理联系，但与之类似，极端大风对风力涡轮机(载荷)也存在重要影响。本节将介绍极端大风对风力涡轮机的影响。

极端大风是一种较少发生的极端天气现象，它可由强风暴、飓风/台风和其他强天气过程引起。例如，50年一遇的极端大风是指50年中遭遇的最大风力。极端大风对风力涡轮机的影响与湍流产生的载荷不同，极端大风试图"破坏"涡轮机的结构，而湍流负载则是"消耗"涡轮机。

在实际工作中，计算某地区极端大风的风速通常需使用较为复杂的统计程序，为了简化计算，一般可采用下式进行估算：

$$u_{50} = 5\bar{u} \tag{6.6}$$

式中，u_{50}为50年一遇的极端风速；$\bar{u}$为平均风速。使用该公式时应特别注意的问题是极端大风的风速计算结果有时会存在较大误差，尤其是在中纬度以外的地区误差最为明显。

更多关于负荷、湍流及极端大风的信息可参考Burton等(2011)的专著。

6.7　小　　结

湍流可能是本书中最难以理解的问题。"理解"意味着读者应具备精确计算和数值模拟的能力，然而并非所有人都具备这一能力，因此并不是人人都能真正理解湍流。考虑到这一点，本章试图通过引入诗歌的方式描述连接大小尺度湍流运动的能量级联，讨论如何使用标准差和湍流强度来观测湍流，并通过近似表达式来帮助读者了解湍流。

本章结尾部分为载荷，讨论了两种造成风力涡轮机磨损的主要原因：湍流和极端大风。

练　　习

6.8　计算下列情况下的湍流强度TI：

$$\bar{u} = 10\,\mathrm{m/s},\ \sigma_u = 2\,\mathrm{m/s};$$

$$\bar{u} = 10\,\mathrm{m/s},\ u_* = 0.3\,\mathrm{m/s};$$

$$z = 60\,\mathrm{m},\ z_0 = 0.1\,\mathrm{m}。$$

6.9　计算如下两种情况下的极端风速：平均风速为8 m/s和10 m/s。

6.10　估计以下三种情况的风力涡轮机IEC等级：

$$V_{\mathrm{ref}} = 41\,\mathrm{m/s}, \mathrm{TI} = 0.15;$$

$$V_{\mathrm{ref}} = 50\,\mathrm{m/s}, \mathrm{TI} = 0.13;$$

$$V_{\mathrm{ref}}未知, u = 9.5, \mathrm{TI} = 0.1。$$

第7章 尾　　流

　　图7.1为荷斯韦夫1号海上风电场及风力涡轮机产生的尾流分布。若无此图，读者可能无法对尾流有较为直观的印象，当然读者在许多地方可以看到风机产生的尾流。通过本章，读者将对尾流有所了解。本章将从最基本的现象开始：风力涡轮机之间的尾流，或者单个涡轮机后的尾流，介绍研究尾流的三种理论；然后介绍风电场尾流及两类重要的尾流模拟工具。通过第一部分，读者能够理解两类模式的工作原理。本章末尾将讨论大型海上风电场、观测数据的处理、其他相关的数据问题、大气稳定度和地形对尾流的影响及对复杂尾流的模拟。最后将介绍风电场之间的相互作用（也称为风电场间尾流）。

图7.1　2008年2月12日荷斯韦夫1号海上风电场尾流（详细分析见Hasager et al，2013）
（资料来源：瑞典大瀑布电力公司根据知识共享协议许可使用，图片由克里斯蒂安·斯泰尼斯拍摄）

　　尾流指风力涡轮机从风中获取能量的同时，在其下游形成的风速较小的尾流区（图7.2和图7.3）。尾流是由风力涡轮机所引起，而非由风本身导致。其他章节中的内容大多独立于风力涡轮机，而尾流与风力涡轮机具有密切的联系。

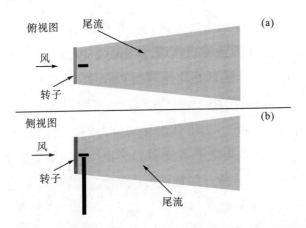

图7.2　风力涡轮机后的尾流示意图(尾流为涡轮机后的阴影区)：(a)俯视；(b)侧视

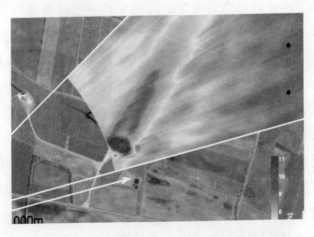

图7.3　激光雷达观测到的单个风力涡轮机后的风场

(颜色越深，风速越小。风机后的蓝色区域(左下角)为尾流区)

(资料来源：Hauke等(2014)，经奥尔登堡大学许可复制)

　　大型(通常是海上)风电场尾流是当前的研究热点，预计未来在该领域会有更多的新发现。

7.1　涡轮机间的尾流

　　首先从最简单的情况开始，即一前一后两座风力涡轮机之间的尾流。当风沿着涡轮机间的线路吹过时，位于前方的涡轮机将动能(来自大气的能量)部分转化为机械能(这部分机械能又转化为电能)，从而减少了后方风力涡轮机的可用能量。随着距离前方风力涡轮机距离的增加，更多动能/动量通过大气湍流运动由周围环境大气进入尾流区，此时尾流区中风速的减小量将逐渐降低(第6章)，这就是尾流研究的基本思路及尾流模拟的基础原理，相关示意图可参见图7.2。单个尾流的激光探测结果可参见图7.3。

对处于运行状态的风力涡轮机，易知风力涡轮机后方气流及运动状态极为复杂(原因为气流离开转子区域后，在叶片作用下发生紊乱)。由于模式在开发过程中对该部分进行了简化，因此大多数模式无法对转子后部的气流状况进行有效模拟。通常情况下，这一区域可延伸至风力涡轮机下游2~4倍的转子直径距离处。一般而言，讨论尾流时可将转子直径(约为叶片长度的2倍)作为标尺进行距离测量。当然，这也意味着风力涡轮机后方区域是灰色区域，模式无法对该区域内的大气运动进行有效模拟。

实际中有三类尾流模拟方法(模式)[1]。第一类称为Jensen模式[2]，该模式是一种基于动量理论(Jensen，1983)的简单模式；另一类更加先进的方法是基于涡流黏性闭合理论(第5章中完整CFD模式的简化版，见框18)的Ainslie[3]模式(Ainslie，1988)；第三类为基于相似理论的模拟方法。应注意，尾流模拟的研究重点应聚焦于模式的开发和改进，而非突出模式的应用。正如下面强调的，所有模式都应能模拟和刻画尾流(风机后部风速降低后再逐渐增加，以及尾流宽度的扩展)在水平方向上的(顺风)变化特征。

下面将详细介绍以上三种模式，此过程中将涉及部分数学方程，并辅以练习以便读者了解更多模式之间的差异和原理。

7.1.1 Jensen模式

本节主要介绍Jensen模式，也称为PARK模式，模式可用下式表示：

$$u_{\mathrm{w}} = u_{\mathrm{i}}\left[1 - (1 - \sqrt{1 - C_{\mathrm{t}}})\left(\frac{D}{D + 2kx}\right)^2\right] \tag{7.1}$$

式(7.1)中包括变量u(风速)及一些前文中未曾出现过的变量。式中，u_{w}为

---

[1]还有很多其他的方法，本书选择的方法较好地涵盖了不同类型的模式。
[2]以丹麦里瑟(现为丹麦技术大学风能研究院)的尼尔斯·奥托·詹森(Niels Otto Jensen)命名。
[3]以英格兰中央发电局(现已拆分为国家电网公司和其他一些公司)的 Ainslie 命名。

尾流风速；u_1 为涡轮机上游的风速(也称自由流风速)。该方程能够描述风
力涡轮机的上游风速随尾流作用减弱而降低的现象。D 和 C_t 与不同风力涡
轮机的物理/机械特性有关：D 为转子直径，C_t 为推力系数(框22)。最后一
个变量 k (称为尾流衰减常数，见本节)实质上是一个依赖于其他变量的参
数，此处采用标准定义：

$$k = \frac{A}{\ln\left(\dfrac{h}{z_0}\right)} \tag{7.2}$$

式中，参数 k 取决于粗糙度 z_0 (5.3节)和风机高度 h；A 为常数，一般取0.5。

框22 C_p 和 C_t

C_p 为功率系数(转子功率性能)，其等于转子产生的功率(P)除以风中的
可用功率：

$$C_p = \frac{P}{\dfrac{1}{2}\rho u^3 A}$$

C_t 为推力系数，其等于推力(T基本上是转子盘前后的动量差)除以动力
(注意：此处为风速的平方，而非立方)：

$$C_t = \frac{T}{\dfrac{1}{2}\rho u^2}$$

因此，风机下游的尾流在总体上取决于风机上游的风速、距离(与距离
的平方成反比)、风机自身的特性及风机所在位置的地形地貌。

练习7.1 已知风力涡轮机高度为100 m，叶片长50 m，C_t 为0.7，风力
涡轮机前方风速为10 m/s，地表为草地，粗糙度为0.03 m。试绘制风力涡轮
机下游200m($2D$)～500 m($5D$)范围内的尾流风速。

简要给出练习7.1的求解过程。k 可由下式求得：

$$k = \frac{0.5}{\ln\left(\dfrac{100}{0.03}\right)} = 0.062 \tag{7.3}$$

将 k 代入式(7.1)即可得图7.4。

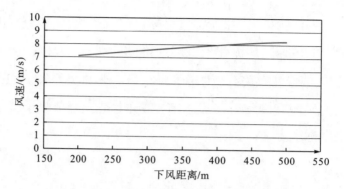

图7.4　Jensen模型计算的风力涡轮机的尾流风速

与预期相符，风力涡轮机下游尾流区的风速明显降低，但随着与涡轮机距离的增加，风速开始增加。7m/s左右的尾流风速说明风速减小了约30%。此外，还应注意当与风力涡轮机的距离达到5D时，风速仍未恢复到10m/s。

尾流衰减常数k表示距风力涡轮机的距离越远，尾流宽度越宽。如上所述，Jensen理论较为简单，该理论假设尾流呈线性扩展，其宽度W为

$$W = D + 2kx \tag{7.4}$$

练习7.2　假设条件与练习7.1相同，请使用Jensen模型绘制尾流的宽度和距离。

将相关条件代入式(7.4)可得如图7.5所示的尾流宽度与距离关系的示意图。

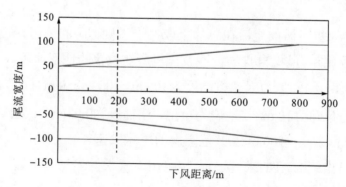

图7.5　Jensen模型计算的风力涡轮机的尾流宽度与距离关系的示意图

如图所示，与预期结果相同，随着风力涡轮机下游距离的增加，大

气中的动量不再受到涡轮机的影响，由于大气湍流的混合作用，尾流逐渐变宽。

7.1.2　Ainslie模式

第二类模式为Ainslie模式，该模式可模拟涡轮机下游尾流的变化情况。Ainslie模式采用了更为先进的流体动力学方程，因此较为复杂（Tennekes and Lumley，1983；WindFarmer，2015）。为简化讨论，此处仅给出该模式在2D（模型能够进行有效计算的产　初始位置）处的速度亏损经验公式（即相对于涡轮机上游风速的减小量）：

$$D_m^i \equiv \frac{u_i - u_w}{u_i} = C_t - 0.05 - \left[(16C_t - 0.5)\frac{I_0}{1000} \right] \tag{7.5}$$

式中，D_m^i 为尾流中心线上的初始速度亏损；C_t 为推力系数；I_0 为以百分比表示的环境湍流强度。风机下游风速则使用CFD模式进行模拟，式(7.5)和下面涉及的风廓线外形将用于模式的初始化（即启动）。

练习7.3　设风速和 C_t 与练习7.1相同，$I_0=10\%$，利用式(7.5)计算涡轮机下游2D处的风速，并与练习7.1的结果进行比较。

将数值代入速度亏损经验公式可得

$$D_m^i = 0.7 - 0.05 - \left[(16\times0.7 - 0.5)\frac{10}{1000} \right] = 0.54 \tag{7.6}$$

进一步可计算出涡轮机下游2D处的风速：

$$u_w = (1 - D_m^i)u_i = (1 - 0.54)\times10 = 4.6 \, \text{m/s} \tag{7.7}$$

根据计算结果可知，尽管两种情况下尾流后方的风速均明显减小，但与Jensen模式计算得出的7m/s相比，Ainslie模式中风速的减小程度更为明显，其原因可能与两类模式设定的尾流形状不同有关。与Jensen模式中的直线假设不同，Ainslie模式对尾流的假设更为"自然"，即尾流形状为高斯分布。Ainslie模式中的尾流宽度b可由下式得到：

$$b = \sqrt{\frac{3.56C_t}{8D_m(1 - 0.5D_m)}R_r} \tag{7.8}$$

式中，D_m 为尾流中心线上任意一点的速度亏损；R_r 为转子半径。其表达

式为

$$P_{\mathrm{w}} = 1 - D_{\mathrm{m}} \exp\left[-\left(\sqrt{3.65}\,\frac{r}{b}\right)^2\right] \tag{7.9}$$

该公式略为复杂，读者可通过以下练习进一步熟悉。

练习7.4　利用练习7.3中的条件绘制涡轮机下游2D处的尾流亏损风廓线（垂直于风向）。

b值可由下式求得

$$b = \sqrt{\frac{3.56 \times 0.7}{8 \times 0.54 \times (1 - 0.5 \times 0.54)}} \times 100 = 88.89 \tag{7.10}$$

将b代入式(7.9)，即可得图7.6。

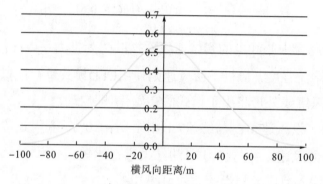

图7.6　Ainslie模型计算的风力涡轮机下游2D处的尾流亏损分布

虽然最大值位于中心并不十分合理，但Ainslie模式采用尾流衰减函数表征"尾流形状"，因此风速曲线的形状会有差异。读者通过练习7.5可分析实际风速风廓线的形状。

练习7.5　根据上述条件利用Ainslie模型绘制2D处风廓线，并与Jensen模式的风廓线进行对比。

对于给定的亏损值，根据式(7.5)可得尾流风速：

$$D = 1 - \frac{u_{\mathrm{w}}}{u_{\mathrm{i}}} \Rightarrow u_{\mathrm{w}} = u_{\mathrm{i}}(1 - D) \tag{7.11}$$

采用相同条件可得到如图7.7所示的结果。注意，Jensen模式中的风廓线为直线。

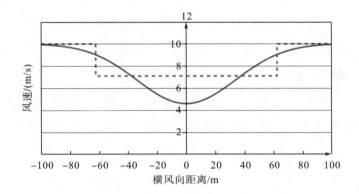

图7.7　在2D处Ainslie(实线)和Jensen(虚线)模型模拟的涡轮机尾流风速的比较

上面介绍了2D处尾流的分布特征，即风沿(风力涡轮机下风方)尾流方向或垂直穿越尾流。由于风和风力涡轮机均为三维结构，故尾流亦为三维结构。为进一步了解尾流的三维结构，图7.8给出了两类模式模拟的完整的三维尾流形式。

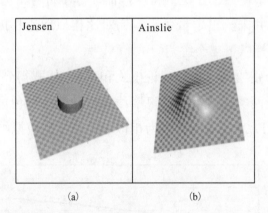

图7.8　两类模式模拟的三维速度亏损(a)Jensen模式；Ainslie模式

7.1.3　相似理论

相似理论为物理学理论，该理论基于系统间各类物理量具有相似性这一事实。典型例子包括几何形状的相似，如三角形的几何形状在各方面存在的相似关系(形状类似的三角形的各条边成比例)。相似理论的另一方面是物理量的量纲，可用一个简单例子进行说明：速度由水平长度尺度和时间尺度组成。相似理论在流体动力学中经常涉及，通过相似理论可导出无量纲数,如已在第6章中讨论过的雷诺数。无量纲数能够以无量纲的方式表示物理量之间的相似性。关于相似理论的详细讨论可参考边界层气象学及早期的相关研究(Monin and Obukhov,1954)。

利用尾流相似理论(Abramovich,1963;Pope,2000)可得到下游距离函数的理论表达式。尾流宽度w将随下风方向与风力涡轮机距离x的增大而增大:

$$w \propto x^{1/3} \tag{7.12}$$

尾流亏损可表示为

$$D \propto x^{2/3} \tag{7.13}$$

最终可得到垂直于风向且与半径r有关的尾流风廓线P。尾流风廓线P可表示为

$$P \propto \exp(-r^2 \ln 2) \tag{7.14}$$

注意,上式中使用了正比例符号,而非等于符号,因此该表达式仅给出了定性关系,并未给出定量关系。为对比相似理论与Jensen模式的模拟结果,读者可进行以下三个练习。

练习7.6　分别绘制由相似理论模式和Jensen模式得到的风廓线宽度。

图7.9给出了两类模式得到的风廓线宽度。图中红色虚线为Jensen模式的模拟结果(练习7.2),绿色实线为相似理论模式的模拟结果。

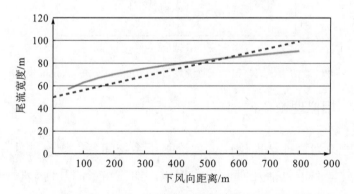

图7.9　Jensen模式(虚线)和相似理论模式(实线)计算的尾流宽度

练习7.7　根据相似理论模式绘制尾流亏损结果，并与Jensen模式的模拟结果进行比较。提示：尾流亏损为与下风向距离有关的函数。

将练习7.1中的条件代入式(7.13)，可得图7.10。

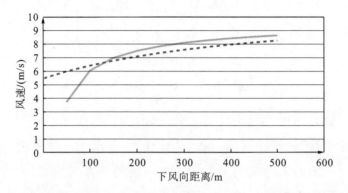

图7.10　Jensen模式(虚线)和相似理论模式(实线)计算的风力涡轮机下风尾流的风速

练习7.8　比较相似理论模式与Jensen模式计算的横向风廓线。

将练习7.1中的条件代入式(7.14)，可得图7.11。

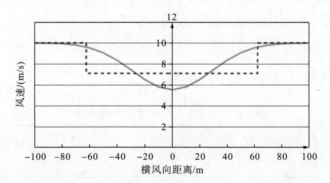

图7.11　Jensen模式(虚线)和相似理论模式(实线)计算的尾流横向风廓线

7.1.4　功率损耗

目前为止，前面仅介绍了风速的基本特征及尾流对风速的影响，但研究尾流的真正目的是分析风功率的减少量，即尾流损耗。为了建立这一联系，可引入风力涡轮机的功率曲线，该曲线能够将轮毂高度的风速与给定风速条件下风力涡轮机的实际功率相联系。风力涡轮机的功率曲线可参见图7.12。

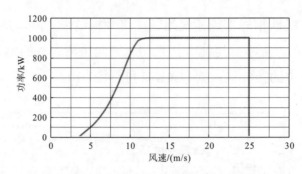

图7.12   风力涡轮机通用功率曲线(x轴为轮毂高度的风速，y轴为功率)

首先简要介绍风力涡轮机的功率：风力涡轮机在风速达到一定标准(称为切入风速)时才会开始发电。随着风速的不断增大，功率也将随之增加。应注意的是，风力涡轮机的功率大致与风速的平方成正比(请将其与第1章中的推导过程进行对比，可以发现风速与动能之间为立方关系)。风速增大的同时意味着尾流造成的功率损失也在增加。随着风速的不断增大并达到一定程度之后，风机产量趋于平稳(达到额定功率)。最后，为避免极端大风造成风力涡轮机承受过大负载，涡轮机将以临界风速运转，并停止发电。

练习7.9   根据图7.12中的功率曲线，分析风速分别为5m/s、10m/s和20m/s时，风速降低15%情况下对尾流功率的影响。

根据图7.12可得到表7.1中的结果。

表7.1   风速降低15%时对尾流功率的影响

原始风速/(m/s)	原始功率/kW	降低后的风速/(m/s)	损耗的功率/kW	功率损耗百分比/%
5	98	4.3	40	58
10	836	8.5	538	37
20	1000	17.0	1000	0

注：第1~5列分别为轮毂高度的原始风速、原始功率、降低后的风速、损耗的功率和功率损耗百分比。

与预期相符，风速降低15%将导致功率损耗百分比明显提高(最高可近60%，曲线斜率较大的部分约为40%)，但应注意，平直曲线区代表风速降低对功率无影响。

7.1.5   尾流模式总结

表7.2为尾流的模式特点总结表。三类模式在诸多方面均存在较好的相

似性，此外在模式复杂性方面的差异也较小。为了得到更准确的模拟结果，应使用CFD模式进行精细化模拟，这也是近年来的研究热点。模拟中，涡轮可用致动盘或致动线模式表示（图7.13）。在致动盘模式下，风力涡轮机转子扫过区域采用多孔圆盘代表（使用推力系数曲线使推力均匀分布于扫掠区域，见框22）。对于致动线模式，每根叶片（共三片）均以直线代表，直线上分布有沿叶片展向变化的作用力。换言之，鉴于无法直接模拟转子或叶片的影响，因此可采用以上两种近似方法模拟。

表7.2　三类尾流模式特点总结

	Jensen模型	Ainslie 模型	相似理论
输出量	速度、宽度、风廓线	速度、宽度、风廓线	速度、宽度、风廓线
尾流形状	线性	高斯	高斯
复杂性	低	中	低
适用范围	2D～4D	2D	N/A

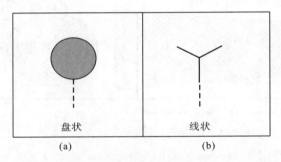

盘状　　　　　　　　　线状

(a)　　　　　　　　　(b)

图7.13　涡轮的表示模式示意图(a)致动盘；(b)致动线

(虚线代表风力涡轮机塔架)

CFD模式主要包括DNS和LES模式，目前已广泛应用于风能模拟中（图7.14）。此外，中尺度模式也被应用于海上风电场的模拟研究中（Volker et al，2012）。

图7.14　LES与致动线技术相结合的湍流模拟[1]

---

[1]图片来源：Troldborg et al，2007。根据知识共享许可协议经 IOP 许可使用。

7.2 风 电 场

了解了关于风力涡轮机尾流的理论知识后，本节将介绍在多座风力涡轮机共存的情况下（即风电场）的尾流分布。风电场中不但存在多条尾流，并且部分尾流相互重叠。根据实际情况，应采用不同方式处理风电场中的复杂尾流问题。本节主要介绍两类模拟软件：一是基于Jenson模式的WAsP软件（Mortensen et al，2014），二是基于Ainslie模式的WindFarmer软件（WindFarmer，2015）。

在WAsP软件中，只需添加与所讨论的转子盘相重叠的尾流即可（图7.15），而WindFarmer软件使用的是重叠区域内两个涡轮机中尾流亏损较大的一个。

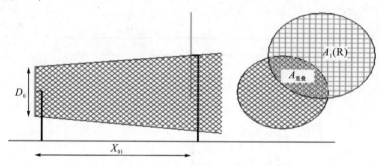

图7.15　WAsP程序模拟的尾流添加和重叠

[图片来源：Mortensen et al（2014），经丹麦技术大学风能系许可使用]

7.3 复 杂 问 题

本章最后将简要介绍部分关于尾流方面的复杂问题，包括尾流观测及海陆尾流间的差异，此外还将涉及大型风电场并讨论风电场间的相互作用。尾流研究是一个发展速度和数据更新速度都非常快且存在大量挑战的领域，因此应重点关注最新研究的文献。

7.3.1　尾流观测

正如将在模拟部分（第8章）讨论的问题，为验证并改进模式，需对模式模拟的各种物理量进行观测，尤其是更应对尾流模拟进行相关气象要素的观测和对比。然而，读者应注意三个问题：首先，大型(海上)风电场并不多见(至少撰写本书时，全球仅有少数几座运营中的大型海上风电场)；其次，风电场产生的尾流难以观测；最后，由于尾流为风速减小量，因此分析对象应为风速差，而非风速的绝对值，这在一定程度上增加了不确定性。

对于第一个问题目前只能等待。就第二个问题，目前的观测主要利用风力涡轮机及安装在风电场内部或附近的仪器开展，但这仍存在诸多局限。当然，由于风力涡轮机本身处于风电场内，因此将其用于气象观测具有一定的可行性。此外，由于风力涡轮机得到的观测数据是风机产生的功率，而非风速本身[1]，因此在模拟时应将功率转换为风速。由图7.12中的功率曲线可以发现，对于某些功率值通常存在不同的风速与之对应(如低于切入风速，以及在额定风速和切入风速之间的情况)，这同样引入了不确定性，尤其是在检验模式性能时最为明显。

另一种更具技术性的观点为：选择适宜的数据采样扇区宽度十分重要。此外，也必须仔细考虑风速分箱的尺寸及适宜的时间平均周期。尾流的合理模拟在很大程度上取决于参数的设定，因此读者可以想象沿着一排风力涡轮机运动的气流与远离风力涡轮机的气流二者之间的差异究竟有多大。所以，在进行模式检验时研究人员应了解风向和风速资料的分类和平均方法。

回到尾流观测。尾流研究中所用的数据涉及涡轮机的功率输出资料和风机获取的风速观测资料，但相关资料并不十分准确。因此，还可使用一些精密的观测仪器，包括卫星数据［海上风电场，(Hasager，2014)］、扫描激光雷达和雷达(3.4.9节)及各种无人机(图7.16)。

---

[1]风力涡轮机上也安装有风速计，称为机舱风速计，研究中有时也使用该仪器所获得的观测数据。然而机舱风速计的准确性不高，并且还会受到机舱的影响，这导致观测数据的精确性不高，而且不能用于对模式的检验。

图7.16   风电场上空的无人机（该无人机为特殊无人机，并不进行风速观测）

(图片来源：©Cyberhawk Innovations公司，经Cyberhawk Innovations公司许可转载)

7.3.2   海陆尾流

海洋和陆地同属地球下垫面，在某种意义上并没有真正的区别，只是与大多数陆地表面相比，海洋表面更为平坦和光滑。但这一假设过于简化，目前风电行业越来越倾向于建造大型海上风电场，而对大型海上风电场的风资源模拟中的最大难点是海洋所带来的各种挑战，包括海水热容量的影响，以及由此产生的对大气稳定度的影响(4.8节)，而这些因素将对尾流产生极大影响。简言之，由于现有的风电场大都建于陆地之上（大多数情况下，大气稳定度并不是风电场选址中最重要的考虑因素），因此大多数数值模式在开发时并未考虑大气稳定度的影响。实际上，为了简化模式，模式开发者甚至一直在避免模式过于依赖大气稳定度。如今这一情况已发生改变，研究人员已经意识到在模式中考虑海上风电场的大气稳定度的影响是十分必要的(Barthelmie et al，2011)。

尾流是另一个影响海上风电场建造的因素。洋面上的实际尾流呈曲折状，即尾流并不是沿着风力涡轮机的下风向做直线移动，而是来回摆动。通常情况下，可对尾流曲折的部分进行平均处理，但考虑到海上风电场巨大的建设规模，所以实际上并不能忽略这一影响。近年来，研究人员已开发出考虑尾流曲折影响的数值模式(Ott et al，2011)。

陆上风电场则很少考虑尾流与地形的相互作用,但地形能够改变尾流的形状,这与水体流动受地形的影响较为类似(5.2节)。多数的数值模式中都将尾流视为与地形相独立,这实际上存在较大的问题,复杂地形可能导致模拟结果出现较大误差甚至完全错误。由大气稳定度(4.8节)可知,大气稳定度对尾流也存在重要影响。简言之,在不稳定状态下,尾流更易发生混合;而在稳定状态下,尾流的混合速度则较慢。例如,在强稳定状态下,尾流可延续至风机下游很远的区域。同样,湍流也能在一定程度上改变尾流与周围空气混合的速度。在(相对)较强的湍流影响下,下游尾流场中的风速更易恢复,反之亦然。

此外,一些学者开始研究大型风电场的建设是否会产生"深度阵列效应",部分研究成果也支持这一观点(Nygaard,2014),但也有学者对此有所置疑。

7.3.3　超大型风电场的发展现状

当前风能行业正利用各类新技术对超大型风电场的尾流特征进行模拟。从气象学角度出发,主要的问题是当风电场达到一定规模之后,其影响将不再局限于"本地",而是将影响到整个边界层(2.2节)。

7.3.4　风电场间的相互作用

尾流远离风电场时将发生变化,分析该问题有助于了解已建风电场周边的风能特征,并且对周边新建风电场的选址更为重要。人们可以想象,当气流远离风力涡轮机后,由于不再受到风力涡轮机的影响,尾流将逐渐减弱并最终消失,但问题的实质在于尾流究竟是怎样消失的(风速因此得以恢复)?针对这一问题,可采用相似性等多种理论和方法进行研究,本节主要给出一种较为简单的尾流消散模型,即尾流随着与风场距离的增大而逐渐减小(图7.17),该效应称为风电场的内部尾流效应。

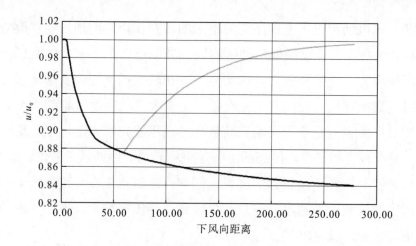

图7.17　WindFarmer软件模拟的大型风电场尾流恢复指数

(x轴为下风向距离，y轴为上下游比值，灰色线为尾流的变化)

(图片来源：©挪威-德国劳氏船级社，经挪威-德国劳氏船级社许可转载)

7.4　小　　结

　　本书至此已从基本的边界层气象学扩展至尾流等更为宽广的领域。尾流对于风电场的风功率估算具有重要影响，因此为保持内容的完整性，将尾流部分纳入本书十分必要。

　　本章详细介绍了三类尾流模拟模式(Jensen模式、Ainslie模式和相似性理论模式)，并利用相关模式进行了尾流的计算。

　　通过图7.1，读者还可更为详细地了解与尾流相关的知识，包括尾流的形成、移动和扩展，以及尾流间的相互作用和混合作用。有了上述基础，尽管读者要完全理解尾流在远离风电场过程中的混合作用还有一定难度，但这并非不能实现。

练　　习

7.10　回到练习7.1，在什么距离上的风速可恢复至10 m/s？

7.11　根据图7.12，确定通用风力涡轮机的切入和切出风速及额定功率和速度。

　　7.12　假设大型海上风电场由尾流造成的经济损失为5%，试计算具体的损失金额(开放性问题，可通过互联网搜索获得一些必要信息)。

　　7.13　搜索"深度阵列效应"，了解该领域的最新研究进展。

第8章 数值模拟

本章主要介绍风能的模拟、输入、输出、误差和模式应用条件及模式优劣等内容。

8.1 模拟及意义

首先给出模式的定义。模式可有不同定义，本书主要指数学模式，可定义为以下内容。

数学模式：采用数学理论和语言描述大气系统。本书中大部分章节涉及的模式是指数学模式。数学模式的结构可以表示为

$$\boxed{\text{输入}} \Longrightarrow \boxed{\text{模拟}} \Longrightarrow \boxed{\text{输出}}$$

这也是下面讨论模拟时将使用的结构。对于大气模拟，最为重要的问题是：现有模式的模拟性能如何？

"性能"包括多方面含义，本章主要关注模式模拟的准确性和模式自身的适用性。

8.2 模 式 输 入

回顾本书，读者可发现各类输入数据：时间序列、风速、气温、气压和大气稳定度等数据。对于粗糙度，可作为单个变量在模式中进行设定（对数风廓线一章），也可用于代表整个风电场的粗糙度分布。输入数据还可为描述障碍物或地形分布的描述文件，但所有输入量均有一个共同之处，即都是对某一事物或现象的数学表达。了解输入数据不但对于讨论混沌系统非常必要，同时对非混沌系统也同样重要。对于模式输入的数据，首先应了解其准确性，若模式输入的数据存在误差，那么即使再好的模式也无法

得到正确的模拟结果，这也称为GIGO法则：垃圾输入-垃圾输出。框23通过举例说明了输入数据存在误差而导致的后果。

框23　输入数据误差的影响

假设模式输出的是输入数据的平方，即

$$m(x) = x^2 \tag{8.1}$$

式中，$m(x)$ 为模式输出结果；x 为输入数据。方程式(8.1)给出的是输入数据 x 为10($m(10)=100$)的情况。为了解输入数据准确性对模拟结果的影响，进一步使用以下精确度计算四组数值：

(1)±10，误差与输入数据的量级相同；

(2)±1，误差是输入量的10%；

(3)±0.1，误差是输入量的1%；

(4)±0.01，误差是输入量的0.1%；

其结果为：

(1)±10：$x \in [0, 20] \rightarrow m \in [0, 400]$：误差范围为100%～300%；

(2)±1：$x \in [9, 11] \rightarrow m \in [81, 121]$：误差范围为20%；

(3)±0.1：$x \in [9.9, 10.1] \rightarrow m \in [98.01, 2001]$：误差范围为2%；

(4)±0.01：$x \in [9.99, 10.01] \rightarrow m \in [99.8, 100.2]$：误差范围为0.2%；

可见，输出结果的误差范围取决于输入数据的准确性，以上计算结果中的最大误差可达300%。

对于模式输入的数据还应重点关注输入数据的详细程度。例如，当采用某种较为复杂的流体模式对大范围流体运动进行模拟时，为最大限度地利用模式的优点，应输入与模式复杂程度相匹配的数据，这一类数据可以是高分辨率的下垫面数据，也可以是高分辨率的大气观测数据。

8.3　模　　拟

在"输入→模拟→输出"这一链条中，最核心的部分是模拟。因此，在开展数值模拟工作时应充分理解以下问题。

(1)是否理解问题的实质？

(2)是否了解模式？

(3)模式的复杂程度是否合理？

(4)输入数据是否与模式的复杂程度相匹配？

(5)是否满足模式的运行条件？

(6)是否理解模式输出结果的意义？

(7)是否理解模式输出结果的准确性？

以上问题中，第一个问题"是否理解问题的实质"最为重要。倘若对该问题的理解不够全面和深入，就难以选择适合的模式。例如，在研究风电场风机轮毂高度的风场特征时，是仅根据已知的风场数据进行估算即可，还是根据该购置仪器设备进行现场观测从而获得更为准确的数据？是利用风廓线理论计算轮毂高度的风速？还是应使用能够考虑复杂地形影响的复杂流体模式来获得更加合理的模拟结果？相关问题的答案取决于数值模拟的最终目的。例如，模式是用于风电场建设的选址工作，还是用于风电场建设的融资。第二个问题为"是否了解模式"，这一问题似乎非常平常，也容易理解，但实质上这是一个涵盖各方面内容的总体性问题。该问题的答案涉及模式使用者的学术背景、培训经历和实践经验等诸多方面。一旦理解了问题的实质，即可得到一种有可能用到的数值模式类型的列表或清单。对于另一个问题"模式的复杂程度是否合理"，对该问题的回答可起到两方面作用：一是使所选模式与研究对象的复杂程度相匹配；二是若研究人员对所选模式知之甚少，则很难顺利运行模式。此时对于研究人员而言，简单模式可能反而是更好的解决方案。

选择适合模式后仍有部分问题亟须解决：第一为"输入数据是否与模式的复杂程度相匹配"。根据前面的内容，有限的或存在误差的数据输入可能并不适合较为复杂的数值模式。此外，当将存在误差的数据输入复杂模式后，输出结果可能并不准确甚至是错误的。因此使用一些较为简单的模式，其模拟效果可能更好。

当然，模式越先进，越有利于研究的开展，但如果"是否满足模式的运行条件"这一问题未能得到较好的解决，那么研究人员仍可能无法开展实质性研究。早期的数值模式在个人计算机上即可运行，但仍受如个人计算机芯片性能、内存和存储空间等运算条件及个人计算机模拟所需时间等条件的限制。随着数值模式对计算机运算能力要求的不断提高，使用个人计算机开展数值模拟就变得愈加困难。因此，使用超级计算机进行数值模拟是模式发展的必然选择。近期(至少从2015年开始)，科学家在高性能计算领域的研究中取得了巨大进展，提出了如云计算等新一代计算方法，代表性成果包括亚马逊的云计算服务(Amazon，2015)和谷歌的云平台(Google，2015)等。云计算意味着任何人都能够通过互联网访问这些性能强大的超级计算机，这也意味着几乎人人都拥有了一台超级计算机，并且存储空间不受任何物理限制。当然，这也要求模式使用者必须提高个人的计算机操作能力，包括运行大型机、超级计算机和云计算的能力。

接下来需回答的问题是"是否理解模式输出结果的意义"。例如，若模式仅为一个简单的尾流模式，则人们很容易理解模式输出结果的意义。然而，现代数值模式的输出结果非常复杂，通常情况下模式会输出大量看上去似乎准确(高分辨率)，并且也能够清晰(三维和彩色)显示的数据，但模式输出数据的使用者则很可能会被输出数据的这些特点所误导，其原因是数据使用者其实并不清楚模式输出数据的真正含义。例如，输出数据的时间间隔是瞬时值还是平均值？输出结果的大小是什么？回到之前的问题，由于模式的模拟过程有可能是基于存在误差的输入数据进行的，因此尽管其输出结果似乎没有问题，但实际上却毫无用处！总而言之，数值模拟的核心是通过对模式的深入理解来正确解释模式的输出数据。

最后一个问题："是否理解模式输出结果的准确性"，这将在8.5节进行讨论。

8.3.1　数值天气预报模式

本节主要介绍数值天气预报模式。数值天气预报模式可模拟从天气尺度到全球尺度在内的各种尺度的大气运动。与其余类型的模式一致，数值天气预报模式也在三维网格上模拟了天气和气候的变化过程(图8.1)。

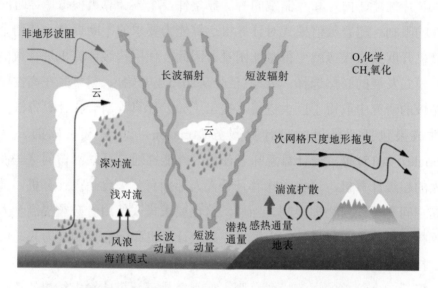

图8.1　数值天气预报模式在三维网格上模拟的天气和气候的变化过程

(图片来源：欧洲中期天气预报中心，经欧洲中期天气预报中心许可转载)

练习8.1　天气尺度和全球尺度大气系统的时间和水平特征尺度是什么？

运行数值天气预报模式一般应遵循以下四个步骤：

- 观测
- 同化与分析
- 预测
- 后处理

运行数值天气预报模式涉及的第一个步骤为观测，首先应收集各类气象观测数据后方可运行模式。现代数值天气预报模式需大量地输入数据(框24)，但输入数据的类型、来源、分辨率和精确度通常存在较大的差异。

框24　数值天气预报模式输入数据的类型和来源

　　运行数值天气预报模式时应首先输入大气的初始状态，然后模式方可进行时间积分。大气的热力学和动力学状态可通过气压P、气温T、风速u、密度ρ和湿度q(部分较为先进的数值模式还包括盐和尘埃等化合物和成核剂)等物理量进行描述。理论上，研究人员需要获取各种物理量在模式对应网格点上的数值才能够进行模拟，要完全实现这一要求并不现实，实际中可通过以下途径获取相关数据：如卫星、地面和船舶气象站、浮标、探空气球、飞机及其他可用来源。

　　WMO开发了全球电信系统(GTS)用于相关数据的快速收集、交换和传递(WMO, 2015)。

　　实际工作中获取的原始观测数据的格式、观测标准、时空分辨率等各不相同，通常较为混乱。因此，若将原始观测数据直接输入模式，由于各类数据内在的不一致性，加之更重要的是原始观测结果可能与模式数学方程所代表的物理过程并不一致，所以直接输入原始观测数据将导致错误的模拟结果，并且模拟误差还将随时间成倍地增长。可见，在进行数值模拟之前，应对原始数据进行处理，这一过程涉及资料的同化。

　　资料同化是一种将观测信息融入模式状态的分析技术，且能考虑模式中的时间演变规律和物理特性。在模式同化/分析的过程中，应对原始数据进行调整从而保证大气变量场(如气压、风速等)与物理过程相匹配。例如，在某空间点上观测到一个较大的气压梯度，但该梯度是由存在误差的观测资料所致，而并非真实存在的物理现象。因此，若采用存在误差的观测数据驱动数值模式，并基于此对气压的变化特征进行模拟，势必将导致模式的模拟结果存在物理错误，这对于天气预报毫无意义。通过同化/分析过程可以获得一个称为分析场的变量场，变量场与模式中数学方程代表的物理过程具有很好的一致性。此外，通过同化/分析还可以得到天气气候研究中常用的再分析数据(框25)。

框25　再分析数据

　　如上所述，同化/分析过程是一个使输入数据与模式相匹配，从而避免产生模拟误差的重要步骤。同化/分析方案本身虽然复杂但是十分先进的数学模型，并且同化方案也在随着模式的发展而不断改进。

　　为便于对气候变化的研究，通常需要一套时间尺度尽可能长的数据，这也是再分析数据的核心作用所在：尽可能收集过去数十年间所有的观测结果，并将其输入同化/分析方案，从而得到一套分析场数据(即数值天气预报模式的初始条件)以用于分析长时间尺度气候变化特征。

　　在风能领域再分析数据同样有着诸多应用，一般主要用作"观测-相关-预测(MCP)"方法的输入数据：

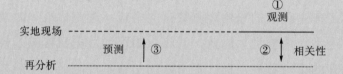

　　MCP方法是一种将实际观测的气象要素(短)时间序列(第1步)与从再分析数据集中提取的(长)时间序列进行关联融合的数学方法(第2步)。一旦建立了实际观测数据与再分析长期数据之间的相关性，即可得到一条长时间尺度的合成序列，它可以反映和研究风速的长期变化特征(第3步)，从而便于对某地区的气象要素(尤其是平均风速)进行长期统计。

　　在天气预报及气候变化研究和应用的推动下，再分析数据集的种类日益增加，主要有以下几种。

- ERA interim：1979年至今(Uppala et al，2005)

- Merra：1979年至今(Rienecker et al，2011)

- NCEP/NCAR：1948年至今(Kalnay et al，1996)

　　观测数据输入至模式(同化)后即可进行模拟计算。由于数值模式的模拟对象为未来的大气运动状态，因此也称为预测。

　　简而言之，数值模式采用高分辨率网格代表模拟区域中所有变量的数值，并根据物理定律计算某一物理量在下一时刻的变化。

　　从数学角度出发可知：

$$V(x,y,z,t+\delta t) = f\left[V(x,y,z,t)\right] \tag{8.2}$$

式中，$V(x,y,z,t)$ 为某一变量，即空间点 (x,y,z) 上的变量在 t 时刻的值；f 为大气模式；δt 为时间步长。

这一过程十分复杂，这也是全球顶尖科学家汇聚于数值模式和数值模拟的领域，并配备有最为强大的超级计算机（用于进行数值天气预报的计算机通常是全球运算能力最强的计算机，可参见 https://top500.org/）的原因。计算机的性能越强大，网格点越密集，越有利于开展数值模拟，从而也越有可能获取更为准确的预测结果。因此，数值模式的输出结果实际上是高分辨率的格点预测产品，空间上可覆盖需开展预测的所有区域（从地区到全球）。

为进一步说明、分析和交换数值模式的预测结果，还应进行最后一个步骤，即预报产品的后处理。在经过后处理生成的预报产品中，最常见的是电视台天气预报节目中播出的天气图，而对于气象行业或专业机构，更多的是复杂的预报产品，如基于集合预报的气温降水概率预报产品（8.7节）。

练习8.2　在气象局/研究所网站查找经后处理生成的数值预报产品，并加以分析。

框26给出了部分数值预报模式。

框26　部分数值预报模式

• 全球预报系统（Global Forecast System，GFS），NOAA/NCEP（NOAA，2015a）

• 欧洲中期天气预报中心（European Centre for Medium-Range Weather Forecasts，ECMWF），（ECMWF，2015）

• 英国气象局统一模式（Met Office Unified Model），英国气象局（UK Met Office），（UK Met Office，2015）

• 高分辨率有限区域模式（High-Resolution Limited Area Model，HIRLAM），丹麦气象研究所（Danish Meteorological Institute，DMI），（DMI，2015）

• 全球谱模式（Global Spectral Model，GSM），日本气象局（Japan Meteorological Agency，JMA），（JMA，2015）

8.3.2　次网格过程

数值模式一般基于经纬网格显示风、气温和气压等要素。网格由三维空间(x、y和z)中的格点数决定，格点间的距离即为模式的空间分辨率。网格的大小主要取决于模拟区域的范围，高分辨率模式的格点更为密集，格点间的间隔也更小，反之亦然。此外，模式的分辨率越高，所需的内存和计算资源就越多，因此应在计算资源和分辨率间进行权衡。

应注意的是，尽管现有数值模式的空间分辨率已经很高，但始终存在一些模式在网格尺度上无法合理模拟或计算的物理过程，这一过程称为次网格过程(图8.1)。在某些情况下次网格过程可以忽略，但许多情况下必须考虑次网格过程的影响。因此，模式研发中的一个重要环节是开发合理而准确的算法(也称为参数化)，以合理模拟一些重要的次网格过程。

此外，尽管对大范围天气气候进行数值模拟已不存在困难，但实际上人们更加关注区域尺度上的天气气候变化。为解决这一问题，科学家提出了一种仅提高部分区域模拟分辨率的技术，即嵌套技术(图8.2)。嵌套意味着模拟中仅需要提高部分区域的模式分辨率即可使相关区域具有更高分辨率的模拟结果，从而提高了对关注区域模拟的准确性。

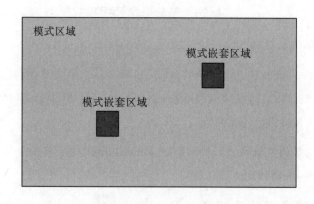

图8.2　嵌套技术示意图

8.4　模　式　输　出

数值模拟的最后一步为模式输出，而模式输出的物理量千差万别。例如，对于对数风廓线某高度上的风速场或大范围气温场来说，其模拟数据的大小可从单个字节到若干兆不等。因此，无论是哪一类输出数据，均应了解输出数据的真实意义。对于风廓线而言，应了解平均风速的定义，清楚其究竟是瞬时值、10min平均值还是其他时间尺度上的平均值。对于更加复杂的数值天气预报，涉及的问题则更多，其中关键性的问题是输出数据的数值究竟代表什么？正如上面所述，数值天气预报模式可得到不同网格点上的气象要素预报值，但一些模式输出的格点预报值是指网格点几何中心的气象要素数值，而部分模式则指各个格点之间的气象要素值，此外还有一些模式输出的是相邻四个网格点中心的气象要素值。

8.5 误 差

数值模拟中的常见误差可分为两类：模式误差及与输入数据相关的误差。模式误差可定义为由于模式无法准确描述物理过程而产生的误差。风能和其他领域一般认为所有的数值模式都存在此类误差。同样，输入数据中也会存在某种误差或不确定性，这些误差或不确定性可在模拟中被传递，从而影响输出产品的可靠性。由8.2节的框23也可以发现，尽管输入数据的误差较小，但仍可造成模拟结果产生较大的不确定性。

显而易见，进行数值模拟时应首先进行误差分析和校正，同时应了解误差在数值模拟中的传递过程，这对于任何数值模拟而言都非常重要。之后将简要讨论混沌现象，若系统为非混沌系统，则可进行敏感性实验。通过敏感性实验可分析模式对输入数据变化的敏感程度。通常敏感性实验分为两类：一种为调整输入数据的数值，另一种为改变粗糙度等物理参数。对比不同的模拟结果即可分析系统对于各种变量的敏感程度。敏感性实验对于输入数据有限的简单系统而言非常有效，但随着模式复杂性的提高，需要通过一些方法改变输入数据以获得敏感性的最佳度量。

模式误差也可能是其余类型的误差。由图8.3可知，实际观测应由平方函数表示，而使用的数值模式为线性模式。由于线性函数不能得到合理的模拟结果，因此首先应了解模式本身存在的误差，即模式会高估数值较小的观测数据，将低估较大的观测数据。当然，也可对模式进行合理调整以最小化模式误差，但这并不能完全消除模式误差。

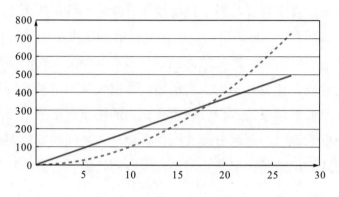

图8.3　平方函数(虚线)和线性模拟曲线(实线)

数值模拟存在一个并不十分普遍的现象，但至少在风能领域中，尤其从对气流的模拟实践来看，各种误差通常能够相互抵消。例如，中性模式一般用于模拟大气稳定度起主要作用的大气运动。对于一级近似，若假设稳定性的影响具有对称性，并且在稳定和不稳定条件出现的概率大致相当的情况下，误差有可能相互抵消(低估和高估相互抵消)，这反而能得到较为准确的预测结果。

8.6　什么是"好"模式

"好"模式的标准应该是模式使用者很容易就能够回答8.3节列表中的大部分问题。此外，还应对"好"模式进行检验，检验意味着应将模式输出与高质量的观测数据进行对比，以了解模式的模拟性能及模式存在的不足和误差。为尽可能全面检验模式的模拟性能，并避免检验过程中的主观性，可采用独立性检验。另一种常用方法是进行所谓的盲检法。

风能领域已开展了许多模式检验工作，各类检验不仅相互独立，并且许多检验工作正是由模式开发人员所主导。

8.7　混　沌

混沌现象与大气数值模式密切相关。本节讨论的混沌现象属于较为特殊的类型——确定性混沌，即可以计算和确定系统的混沌程度。

混沌系统对输入数据非常敏感，并且由于永远无法做到观测数据的100%准确，因此混沌现象不可避免。实际上人类生活在非混沌世界中，假设用几乎相等的力向同一方向投掷石块，人们可以预期石块应大致落在同一区域内。因此，当人类面对混沌系统时，通常会感到十分困惑。若将石块的投掷过程视为一个混沌系统，那么即便投掷石块的方向相同，但石块的落点也会存在较大差异。

大气就是典型的混沌系统，而混沌效应对天气预报有着深远影响。尽管理查森(6.2节)和许多学者都认为大气是一个极其复杂的系统，但如果拥有足够的计算条件(Wired, 2015)，人们也能较为准确地预报未来一段时间内的天气情况。20世纪60年代初，洛伦兹(Lorenz, 1963)在偶然情况下发现了一个奇怪的现象：将两组看似相同的数据输入模式后，计算机给出了截然不同的结果。洛伦兹对输入数据进行了仔细分析后意识到两组输入数据实际上并不相同，此后混沌效应开始为世人所知。

人们普遍将大气流动的混沌性质描述为一只蝴蝶在巴西扇动翅膀后可能导致美国得克萨斯州产生一次龙卷风(Lorenz, 1972)。这一描述可能会引起人们的误解，使人们误认为混沌系统具有爆炸性，但实际并非如此。混沌现象实质上是指即便一个微小的变化(蝴蝶扇动翅膀)也能够影响大气未来的运动状态，从而引起各种天气现象。这也是混沌效应被称为蝴蝶效应的原因。框27给出一个类似于大气的混沌系统：洛伦兹吸引子。

框27　洛伦兹吸引子

洛伦兹吸引子是下列微分方程组解的轨迹图，可将其视为一个描述二维流体流动的简单模型。

$$\begin{cases} \dot{X} = \delta(Y - X) \\ \dot{Y} = -XZ + rX - Y \\ \dot{Z} = XY - bZ \end{cases}$$

当变量上的点表示时间的导数时，无论系统是否为混沌系统，r都将发生变化。

混沌系统的解如下所示：

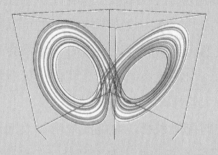

混沌效应本质上意味着尽管两个粒子开始时彼此非常接近，但它们很快将运动到相距较远的位置，如在相反的"环"上。

了解大气的混沌性质后，可进一步引出一个问题：如何才能够准确预测未来的天气情况？答案是无法直接得到的，但可以通过集合预报间接获取有用信息。

集合预报是指多次运行同一模式(如100次)，并且每次对模式的输入数据进行微小扰动，从而得到一组不同的预报结果，再根据统计方法得到不同预报结果的概率。由图8.4可见，即便各组模拟结果不尽相同，但仍可较确切地得到预报结果的可能范围。同时，若不同集合成员的预报结果存在较大差异，则最终的预报结果也很可能具有较大的不确定性，反之亦然。

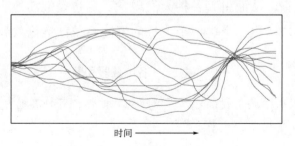

时间 ⟶

图8.4　集合预报示意图

(x轴为时间，y轴为系统状态)

8.8 小 结

本章通过"输入→模拟→输出"这一链条讨论并分析了数值模拟。在模式输入方面，主要有三个要点：输入数据的代表性、准确性和详细性。对于数值模式的核心，本节则通过通俗易懂的方式来进行分析，首先提出"什么是好模式"这一问题，再进一步引入其他问题来涵盖相关主题。

本节还讨论了误差的重要性，并给出了误差的代表性示例。误差尤其是未知误差将导致错误的模拟结果。后面介绍了数值天气预报模式的部分细节和模式的输出产品。

本章的最后部分主要关注大气混沌现象。由于大气是典型的混沌系统，因此了解混沌效应有助于对数值模式的深入理解。此外还介绍了用于分析大气混沌性质的方法，即采用集合预报方法进行求解，并对此进行了简要讨论。

练 习

8.3 给出主流数值天气预报模式的名称并进行介绍。

8.4 给出主要再分析资料的信息并进行介绍。

第9章 结 论

本书首先引入了气象学中的基本概念，包括各种气象要素、力、常见的天气现象等，目的是向读者介绍风能领域涉及的基本气象学原理。

从理论上介绍了气象观测，主要讨论了观测的目的及通过观测获取所需的信息，并介绍了部分时间序列分析方法。观测一章的末尾也简要介绍了各种用于风能观测的仪器。

在观测一章之后，读者可以了解控制"天气"的原因，以及如何对其进行观测。进一步探讨了垂直风廓线的基本特征，包括风速和风向等要素；推导了风能气象学的基本定律：中性层结条件下的对数风廓线。在介绍大气稳定度的基础上引入了零平面位移。最后介绍了地面风与高空风之间的联系：地转拖曳定律。

为进一步了解局地大气流场，本书介绍了局地气流。理想情况下，"完美"的模式应能够描述所有类型的局地气流，但实际上并不存在如此完美的模式。因此，书中也介绍了组成分离气流的各种局地气流及地形、粗糙度、障碍物和热力驱动等影响因素。第5章不但介绍了一些较为简单的模式，还讨论了如CFD等可对复杂地形中的分离气流进行模拟的复杂模式。

接下来介绍了湍流和尾流。由于湍流是物理学中"尚未解决"的问题之一，因此本书从另一角度讲解了湍流，即采用统计方法和工具(如谱)，而非通过直接模拟研究湍流。然后分析了湍流的基本性质和由大风引起的载荷。

尾流也是本书的重点内容，书中共介绍了三种相对简单但功能强大的尾流模型，研究了不同风力涡轮机尾流之间的相互作用和模拟等问题。此外还讨论了大型风电场中的尾流、大气稳定度及不同风电场的相互作用等问题。

最后一章为数值模拟，书中给出了数值模拟涉及的问题列表，以便读者充分理解什么是数值模式，同时也介绍了数值天气预报模式。

作为写作原则，本书主要以简单易懂的方式介绍风能气象学涉及的知识，但仍坚持对相关内容加以数学解释，目的是能够给读者带来风能气象学并不复杂的印象，从而便于更多读者去了解风能气象学。

最后，以两个练习结束本书的全部内容。

练习9.1　回到3.1节，列出在现场安装气象桅杆时注意事项的清单。

练习9.2　与其他读者讨论书中介绍过的一些问题。

参 考 文 献

Abramovich G N. 1963. The Theory of Turbulent Jets. MIT Press, 671pp.

Ainslie J F. 1988. Calculating the flowfield in the wake of wind turbines. Journal of Wind Engineering and Industrial Aerodynamics, 27, 213–224.

Amazon, 2015. aws.amazon.com（accessed 17 January 2015）.

Banta R M, Pichugina Y L, Kelley N D, Hardesty R M, Brewer W A. 2013. Wind energy meteorology: insight into wind properties in the turbine-rotor layer of the atmosphere from high-resolution doppler Lidar. Bulletin of the American Meteorological Society, 94, 883–902.

Barthelmie R J, Frandsen S T, Rathmann O, Hansen K, Politis E, Prospathopoulos J, Schepers JG, Rados K, Cabezon D, Schlez W, Neubert A, Heath M. 2011. Flow and wakes in large wind farms. Final Report for UpWind WP8 Risø-R-1765（EN）.

BIPM, 2015. www.bipm.org/en/bipm/mass/prototype.html（accessed 22 February 2015）.

Bjerknes V. 1900. The dynamic principles of the circulatory movements in the atmosphere. Monthly Weather Review, 28（10）, 434–443.

Bleeg J, Digraskar D, Woodcock J, Corbett J-F. 2015. Modeling stable thermal stratification and its impact on wind flow over topography. Wind Energy, 18（2）, 369–383.

Bowen A J, Mortensen N G. 1996. Exploring the limits of WAsP: the wind atlas analysis and application program. Proceedings of the 1996 European Union Wind Energy Conference and Exhibition, 20-24 May. Goteborg, Sweden, 584–587.

Burton T, Jenkins N, Sharpe D, Bossanyi E. 2011. Wind Energy Handbook, 2nd Edition, John Wiley & Sons, 780pp.

Businger J A. 1988. A note on the Businger-Dyer profiles. Boundary Layer Meteorology, 42（1-2）, 145–151.

Charnock H. 1955. Wind stress over a water surface. Quarterly Journal of the Royal Meteorological Society, 81, 639–640.

Clay Mathematics Institute. 2014. www.claymath.org/millennium-problems（accessed 30 November 2014）.

Corbett J-F, Landberg L. 2012. Optimising the parameterisation of forests for WAsP wind speed calculations. European Wind Energy Association Conference（EWEA）2012.

Dellwik E, Bingol F, Mann J. 2013. Flow distortion at a dense forest edge. Quarterly Journal of the Royal Meteorological Society, 140（679）, 676–686.

Diebold M, Higgins C, Fang J, Bechmann A, Parlange MB. 2013. Flow over hills: A large-eddy simulation of the Bolund case. Boundary Layer Meteorology, 148（1）, 177–194.

DMI. 2015. Hirlam model. www.dmi.dk/laer-om/temaer/meteorologi/hirlam/（in Danish）（accessed 18 January 2015）.

Dyer A J. 1974. A review of flux-profile relationships. Boundary Layer Meteorology, 20, 35–49.

ECMWF. www.ecmwf.int/en/forecasts/documentation-and-support (accessed 18 January 2015).

Ekman V W. 1905. On the influence of the Earth's rotation on ocean currents. Archives of Physical Medicine and Rehabilitation, 2, 1–52.

Elliott W P. 1958. The growth of the atmospheric internal boundary layer. Eos, Transactions American Geophysical Union, 39(6), 1048–1054.

Ferreira A D, Lopes A M G, Viegas D X, Sousa A C M. 1995. Experimental and numerical simulations of flow around two-dimensional hills. Journal of Wind Engineering and Industrial Aerodynamics, 54/55, 173–181.

Garratt J R. 1992. The Atmospheric Boundary Layer. Cambridge University Press, ISBN 0-521-38052-9.

Ginzburg V L. 2001. The Physics of a Lifetime: Reflections on the Problems and Personalities of 20th Century Physics. Springer, 3–200.

Google, 2015. cloud.google.com (accessed 17 January 2015).

Gryning S-E, Batchvarova E, Brummer B, Jørgensen H, Larsen S. 2007. On the extension of the wind profile over homogeneous terrain beyond the surface boundary layer. Boundary Layer Meteorology, 124(2), 251–268.

Hasager C B, Rasmussen L, Pena A, Jensen L E, Rethore P-E. 2013. Wind farm wake: The Horns Rev photo case. Energies, 6, 696–716.

Hasager C B. 2014. Offshore winds mapped from satellite remote sensing. WIREs Energy and Environments, 3, 594–603.

Hasager C B, Nielsen M, Astrup P, Barthelmie R, Dellwik E, Jensen NO, Jørgensen BH, Pryor SC, Rathmann O, Furevik BR. 2005. Offshore wind resource estimation from satellite SAR wind field maps. Wind Energy, 8(4), 403–419.

Hodgetts B, Harman K, Strachan A, Ebsworth G, Beaumont A. 2011. www.gl-garradhassan.com/assets/downloads/A_Statistical_Review_of_Recent_Wind_Speed_Trends_in_the_UK.pdf. (accessed 15 January 2015).

Hoskins B J, Bretherton F P. 1972. Atmospheric frontogenesis models: mathematical formulation and solution. Journal of the Atmospheric Sciences, 29, 11–13.

IEC. 2005. Wind Turbines, Part 1: Design Requirements 61400-1. IEC 61400-1:2005(E).

IEC. 2005. Wind Turbines, Part 12-1: Power Performance Measurements of Electricity Producing Wind Turbines. IEC 61400-12-1:2005.

Jackson P S, Hunt J C R. 1975. Turbulent wind flow over a low hill. Quarterly Journal of the Royal Meteorological Society, 101, 929–955.

Jensen N O. 1983. A note on wind generator interaction. Risø M-2411.

Jensen N O, Petersen, E L, Troen I. 1984. Extrapolation of mean wind statistics with special regard to wind energy applications. WMO World Climate Programme Report No. WCP-86.

JMA, 2015. Global spectral model. www.jma.go.jp/jma/en/Activities/nwp.html (accessed 18 January 2015).

Kalnay E, Kanamitsu M, Kistler R, Collins W, Deaven D, Gandin L, Iredell M, Saha S, White G, Woollen J, Zhu Y, Leetmaa A, Reynolds R, Chelliah M, Ebisuzaki W, Higgins W, Janowiak J, Mo KC, Ropelewski C, Wang J, Jenne R, Joseph D. 1996. The NCEP/NCAR 40-year reanalysis project. Bulletin of the American Meteorological Society, 77, 437–470.

Kristensen L. 1993. The cup anemometer and other exciting instruments. Risø-R-615(EN). Risø National Laboratory.

Landberg, L. 1993. Short-term prediction of local wind conditions. PhD thesis, University of Copenhagen.

Lettau H. 2011. A re-examination of the "Leipzig Wind Profile" considering some relations between wind and turbulence in the frictional layer. Tellus A, North America. 2. www.tellusa.net/index.php/tellusa/article/view/8534 (accessed 24 July 2014).

Lorenz E N. 1963. Deterministic nonperiodic flow. Journal of the Atmospheric Sciences, 20, 130–141.

Lorenz E N. 1972. Predictability: does the flap of a butterfly's wings in Brazil set off a tornado in Texas? Presented before the American Association for the Advancement of Science, December 29, 1972.

Mann J, Sathe A, Gottschall J, Courtney M. 2012. Lidar turbulence measurements for wind energy, in Progress in Turbulence and Wind Energy IV, edited by Oberlack M, Peinke J, Talamelli A, Castillo L, Holling M. Springer, 263–270.

McIlveen R. 1986. Basic Meteorology a Physical Outline. Van Nostrand Reinhold (UK) Co Ltd, 457pp.

MEASNET, 2015. www.measnet.com (accessed 22 February 2015).

Mildner P. 1932. Uber Reibung in einer speziellen Luftmasse. Beitr. Phys. fr. Atmosph, 19, 151–158.

Miyake M. 1965. Transformation of the atmospheric boundary layer over inhomogeneous surfaces. Science Report 5R-6. University of Washington.

Monin A S, Obukhov A M. 1954. Basic laws of turbulent mixing in the surface layer of the atmosphere. Tr. Akad. Nauk SSSR Geofiz. Inst, 24, 163–187.

Mortensen N G, Heathfield D N, Myllerup L, Landberg L, Rathmann O. 2007. Getting started with WAsP 9. Technical Report Risø-I-2571 (EN). Risø National Laboratory, 70pp.

Mortensen, N G, Heathfield D N, Rathmann O, Nielsen M. 2014. Wind Atlas Analysis and Application Program: WAsP 11 Help Facility. Department of Wind Energy, Technical University of Denmark.

NASA. 2014. Where does the Earth's atmosphere come to an end? http://image.gsfc.nasa.gov/poetry/ask/a10022.html (accessed 15 April 2014).

NASA. 2015. http://mars.nasa.gov/programmissions/missions/past/viking/ (accessed 11 January 2015).

NOAA.2015a.www.ncdc.noaa.gov/data-access/model-data/model-datasets/global-forcast-system-gfs (accessed 18 January 2015).

NOAA. 2015b. www.weather.gov/ops2/ua/radiosonde/ (accessed 1 March 2015).

Nygaard N G. 2014. Wakes in very large wind farms and the effect of neighbouring wind farms. Journal of Physics: Conference Series, 524. The Science of Making Torque from Wind 2014.

Obukhov A M. 1946. Turbulence in an atmosphere with a non- uniform temperature. Tr. Inst. Teor. Geofiz. Akad. Nauk. SSSR, 1, 95–115.

Obukhov A M. 1971. Turbulence in an atmosphere with a non-uniform temperature (English translation). BoundaryLayer Meteorology, 2, 7–29.

Ott S, Berg J, Nielsen M. 2011. Linearised CFD models for wakes. Risø-R-1772 (EN).

Panofsky H A, Dutton J A. 1984. Atmospheric Turbulence: Models and Methods for Engineering Applications. John Wiley & Sons, 397pp.

Pena A, Floors R, Gryning S-E. 2014. The Høvsøre tall wind-profile experiment: a description of wind profile observations in the atmospheric boundary layer, Boundary-Layer Meteorology, 150(1), 69–89.

Perera MDAES. 1981. Shelter behind two-dimensional solid and porous fences. Journal of Wind Engineering and Industrial Aerodynamics, 8, 93–104.

Pope S B. 2000. Turbulent Flows. Cambridge University Press.

Raynor G S, Sethuraman S, Brown RM. 1979. Formation and characteristics of coastal internal boundary layers during onshore flows. Boundary-Layer Meteorology, 16, 487–514.

Richardson L F. 2007. Weather Prediction by Numerical Process, 2nd edition, Cambridge University Press.

Rienecker M M, Suarez M J, Gelaro R, Todling R, Bacmeister J, Liu E, Bosilovich MG, Schubert SD, Takacs L, Kim G-K, Bloom S, Chen J, Collins D, Conaty A, da Silva A, Gu W, Joiner J, Koster RD, Lucchesi R, Molod A, Owens T, Pawson S, Pegion P, Redder CR, Reichle R, Robertson FR, Ruddick AG, Sienkiewicz M, Woollen J. 2011. MERRA: NASA' s modern-era retrospective analysis for research and applications. Journal of Climate, 24, 3624–3648.

Salmon J R, Walmsley J L. 1986. User's guide to the MS3DJH/3R model. Boundary Layer Research Division, Atmospheric Environment Service.

Sathe A, Mann J, Vasiljevic N, Lea G. 2014. A six-beam method to measure turbulence statistics using ground-based wind lidars. Atmospheric Measurement Techniques Discussion, 7, 10327–10359.

Sempreviva A M, Larsen S E, Mortensen N G, Troen I. 1990. Response of neutral boundary layers to changes of roughness. Boundary-Layer Meteorology, 50(1–4), 205–225.

Skamarock W C, Klemp J B, Dudhia J, Gill DO, Barker DM, Duda MG, Huang XY, Wang W, Powers JG. 2008. A Description of the Advanced Research WRF Version 3. NCAR Technical Note.

Stoffelen A, Anderson D L T. 1993. ERS-1 scatterometer data and characteristics and wind retrieval skills. Proceedings of the First ERS-1 Symposium, ESA SP-359.

Taylor P A, Teunissen H W. 1987. The Askervein hill project: overview and background data. Boundary-Layer Meteorology, 39(1–2), 15–39.

Tennekes H, Lumley J L. 1983. A First Course in Turbulence. The MIT Press.

Tijera M, Maqueda G, Yague C, Cano J L. 2012. Analysis of fractal dimension of the wind speed and its relationships with turbulent and stability parameters, Chapter 2 in Fractal Analysis and Chaos in Geosciences, edited by Sid-Ali Ouadfeul, Book under a creative commons licence.200 Meteorology for Wind Energy

Tillman J E, Landberg L, Larsen S E. 1994. The boundary layer of Mars: fluxes, stability, turbulent spectra, and growth of the mixed layer. Journal of the Atmospheric Sciences, 51, 1709–1727.

Troen I, Petersen E L. 1989. European wind atlas. Risø National Laboratory. Roskilde. ISBN 87-550-1482-8.

Troldborg N, Sørensen J N, Mikkelsen R. 2007. Actuator line simulation of wake of wind turbine operating in turbulent inflow. Journal of Physics: Conference Series, 75. The Science of Making Torque from Wind.

Turner A. 2013. The Indian Monsoon and Climate Change. Walker Institute, University of Reading. UK Met Office. 2015. Met Office Unified Model. www.metoffice.gov.uk/research/modelling-systems/unifiedmodel/weather-forecasting (accessed 18 January 2015).

Uppala S M, Kallberg P W, Simmons A J, Andrae U, Da Costa Bechtold V, Fiorino M, Gibson JK, Haseler J, Hernandez A, Kelly G A, Li X, Onogi K, Saarinen S, Sokka N, Allan R P, Andersson E, Arpe K, Balmaseda M A, Beljaars A C M, Van De Berg L, Bidlot J, Bormann N, Caires S, Chevallier F, Dethof A, Dragosavac M, Fisher M, Fuentes M, Hagemann S, Holm E, Hoskins BJ, Isaksen L, Janssen PAEM, Jenne R, Mcnally AP, Mahfouf J-F, Morcrette J-J, Rayner N A, Saunders R W, Simon P, Sterl A, Trenberth K E, Untch A, Vasiljevic D, Viterbo P, Woollen J. 2005. The ERA-40 re-analysis. Quarterly Journal of the Royal Meteorological Society, 131 (612), 2961–3012. USA Today. 2014, http://usatoday30.usatoday.com/tech/science/columnist/vergano/2006-09-10-turbulence_x.htm (accessed 30 November 2014).

Volker P, Badger J, Hahmann A N, Ott S. 2012. Wind Farm parametrization in the mesoscale model WRF. European Wind Energy Association (EWEA 2012).

Weibull W. 1951. A statistical distribution function of wide applicability. Journal of Applied Mechanics, Transactions ASME, 18 (3), 293–297.

Wired. 2015. www.wired.com/2015/01/tech-time-warp-week-wwii-computers-rooms-full-humans/ (accessed 18 January 2015).

WHO. 2015. The Global Telecommunication System (GTS). www.wmo.int/pages/prog/www/TEM/GTS/index_en .html (accessed 18 January 2015).

WindFarmer 5.3. 2015. Theory Manual DNV GL.

Wood N. 1995. The onset of separation in neutral, turbulent flow over hills. Boundary-Layer Meteorology, 76 (1–2), 137–164.

World Meteorological Organization. 2008. WMO guide to meteorological instruments and methods of observation. Chapter 5: Measurement of surface wind. World Meteorological Organization (WMO), Geneva.

附录 备忘录

动能

$$E_{\text{kin}} = \frac{1}{2}mu^2 = \frac{1}{2}(\rho u)u^2 = \frac{1}{2}\rho u^3$$

气象要素

- 气压P (Pa)
- 气温T (K或℃)
- 密度ρ (kg/m^3)
- 速度u、v、w (m/s)
- 湿度q [g(水汽)/kg(干空气)]

力

- 气压梯度力
- 摩擦力
- 科里奥利力
- 引力

大气层分层

名称	起始高度/km	气压/hPa	温度/℃	备注
对流层	0	1013	下降，20～-50	人类生存居住层
对流层顶				急流
平流层	11	226	上升，-50～0	臭氧的存在导致温度升高
平流层顶				
中间层	47	1	下降，0～-90	
中间层顶				
热层	85	≈0	上升，-90及以上	航天飞机飞行区域
热层顶				
散逸层	700	≈0		
散逸层顶				

尺度

名称	水平尺度/m	时间尺度	典型天气系统
行星尺度	10^7	（周），10^6s	行星波
天气尺度	10^6	（天），10^5s	气旋
中尺度	10^5	（小时），10^3s	海陆风
微尺度	10^2	（分钟到小时），10^2s	雷暴

观测设备

仪器	观测量	仪器	观测量
杯状风速计	风速	湿度计	湿度
风向标	风向	气压计	气压
声波风速仪	风速、风向、温度	激光雷达	风速
热线风速计	风速	声雷达	风速
皮托管	风速	云高仪	云底高度
温度计	温度	散射计	风速/风向

对数风廓线

$$u(z) = \frac{u_*}{\kappa} \ln\left(\frac{z}{z_0}\right)$$

地转拖曳定律

$$G = \frac{u_*}{\kappa} \sqrt{\left[\ln\left(\frac{u_*}{fz_0}\right) - A\right]^2 + B^2}$$

四类局地气流影响因子

- 地形强迫
- 粗糙度
- 障碍物
- 热力驱动气流

内边界层的1：100经验法则

内边界层高度按照1：100比例增加

大气稳定度

名称	表达式	稳定大气	中性大气	不稳定大气
气温递减率	Γ	$< \Gamma_d$	$= \Gamma_d$	$> \Gamma_d$
位温	$d\theta/dz$	>0	$=0$	<0
热通量	H	<0	$=0$	>0
莫宁-奥布霍夫长度	L	>0	$=\infty$	<0
	z/L	>0	$=0$	<0
烟囱(框12)		扇形	圆锥	循环

尾流

Jensen模型表达式： $u_w = u_i \left[1 - (1 - \sqrt{1 - C_i}) \left(\dfrac{D}{D + 2kx} \right)^2 \right]$

湍流强度

$$T I = \frac{1}{\ln\left(\dfrac{z_0}{z}\right)}$$

粗糙度

下垫面类型	水	雪	草	农田	森林	城市
粗糙度/m	2×10^{-4}	10^{-3}	0.03	0.1	0.8	1.0

查诺克(Charnock)关系式

海面粗糙度

$$z_0^w = a_c u_*^2 / g$$